DS 东叔心理学系列

东叔只有3分钟

自我信念提升

舒东◎著

上海财经大学出版社

图书在版编目(CIP)数据

东叔只有3分钟:自我信念提升/舒东著. —上海:上海财经大学出版社,2019.8
(东叔心理学系列)
ISBN 978-7-5642-3334-1/F·3334

Ⅰ.①东… Ⅱ.①舒… Ⅲ.①自信心-通俗读物
Ⅳ.①B848.4—49

中国版本图书馆CIP数据核字(2019)第156794号

□ 策划编辑 台啸天
□ 责任编辑 台啸天
□ 书籍设计 贺加贝
□ 电子邮箱 404485100@qq.com

东叔只有3分钟
——自我信念提升
舒东 著

上海财经大学出版社出版发行
(上海市中山北一路369号 邮编200083)
网 址:http://www.sufep.com
电子邮箱:webmaster@sufep.com
全国新华书店经销
上海华业装璜印刷厂印刷装订
2019年8月第1版 2019年8月第1次印刷

890mm×1240mm 1/32 11.25印张(插页:2) 232千字
定价:59.00元

自 序

书写完后，编辑老师让我写个序言，我问序言要写什么，她说就是讲一下自己为什么要写这本书。于是我一个人在咖啡店琢磨了很久：我到底为什么要写这本书呢？

我在网上的名字叫东叔，平时游走于各大院校和 500 强企业，讲授与心理学相关的课程，别人叫我心理学“砖家”。

我一直以来都很喜欢讲故事，小时候在班级里讲给同学听，大学里靠演讲混了个学生会主席的位置。毕业后我在银行工作了几年，但工作内容实在不合胃口，于是辞职了。辞职后便在各大院校和 500 强企业讲故事。我以前从未想过在讲台上讲故事可以是我的主要收入来源，所以每次去讲课都兴奋得不行。

可是，我很久没有动笔写故事了，平时教书只是做个 PPT，然后就开讲。做纯文字的工作，比如写书，真的是技艺生疏，也不知道能不能做好。

我经常举办线下和线上的讲座，线下课会有学员从天南海北飞过来听课，甚至还会拖家带口。线上我的“东叔 3 分钟”系列每集的留言互动都有上百条，总点击量也早就破百万，我对自己的心理学课程的趣味性和实用性还是颇有信心的。

可是，问了一圈线上、线下的朋友后，我发现大家并不看好我出书，一来粉丝、用户和学员都是线上视频用户，大家都看电子版的内容；二来书已经不是一些人最习惯的学习方式，看书的人越来越少，即使看，大家也都喜欢看电子版，而且大多数时间都在看小说。如果想学什么东西，大家的首选是看视频讲座。因此，就传播知识而言，我发现书不再是主要的平台。

但我想，毕竟书是可以反复阅读的，跟课堂上讲一遍就过有着本质的区别。如果能够借由书本这个平台，接触并且帮助到那些希望改变自己生活的人，我还是很乐意把我的本领都拿出来的——如果有人因为我的分享而改变，我会觉得很幸福。

这本书能够顺利完成，与以下人员的大力支持是分不开的：

感谢上海财经大学出版社副编审台啸天老师为这本书所付出的心血。台老师花了整整四年的时间跟踪这个选题，一步步指导我如何将自己的研究和心得变成文字，变成书。作为一个新手，如果没有台老师的无私帮助和指点，这些内容不可能最终成书，并与读者见面。借此机会向她的敬业和专业表达感恩。

感谢我的好兄弟苏冲在设计自信篇时给我的灵感，如果没有他的头脑风暴和建议，这套体系会多走很多弯路。

感谢我最亲爱的家人，没有他们的支持和鼓励，我可能至今还是一个普通的银行职员，没有办法做自己喜欢的事，没有办法从事自己喜欢的心理学方面的研究，也不可能成为一名受欢迎的讲师，更无法完成“东叔只有3分钟”系列。谢谢，我爱你们！

最后，感谢所有的读者朋友，谢谢你们愿意花时间来看我的书！

目 录

自信篇

幸福篇

结束语

附录 咨询室的故事

解压篇

情绪对身体的影响

针对情绪，很多人会有一个误区，以为“忍一时风平浪静”，觉得有什么情绪先压着，这样至少不会影响到与别人的关系。其实，自古以来，忍气吞声这个成语就是形容人很憋屈的状态的，不是一个正向的词语。人的情绪如果一直累积在身体里，不发泄出去，其实是会对身体造成很大影响的。

情绪会对身体造成影响基本上是共识，但具体会伤害到什么程度，并不是所有人都清楚——大多数人提到情绪对身体的伤害，会止步于“吃不香，睡不好”。下面我们看一下情绪到底对身体会影响到什么程度。

有一个叫江本胜的人，平时喜欢拍照，他会把水结成冰的样子拍下来，认为这样很美。有一天，他无意中对水说，你要结出漂亮的冰花哦，结果，那天结出的冰花就特别漂亮。他非常惊讶，于是又说，你要结出很丑的冰花哦，结果，那天结出的冰花就特别丑。江本胜接着做了几千次的实验，并写了本书——《水知道答案》（南海出版公司，2009 年版）。

我们一起来看一下相关内容。

当他说"混蛋"的时候，看到的是一片混沌的画面；而当他说"谢谢"的时候，冰好像听懂了似的，结出了漂亮的六角形的冰花（见图 1—1）。

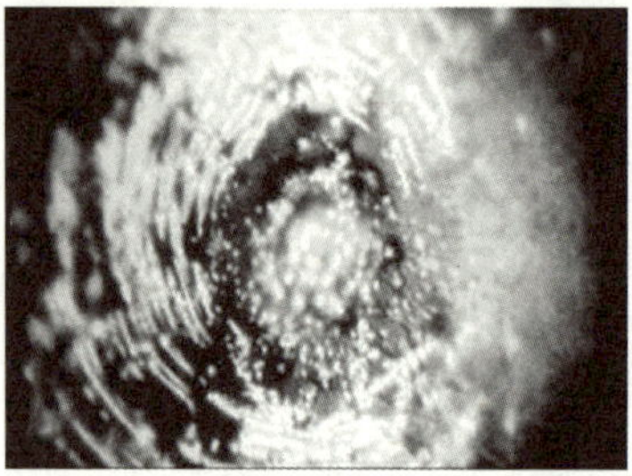

【混蛋】

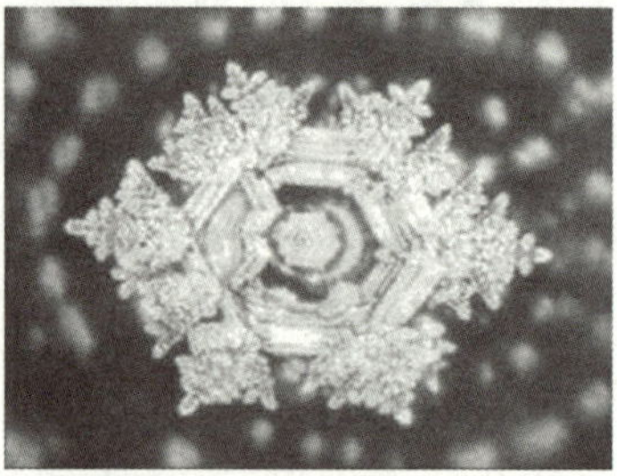

【谢谢】

图 1—1 辱骂与感谢

当他说"好美"的时候，冰结出了漂亮的六角形冰花；当他说"要变得更漂亮"的时候，冰似乎听懂了一样，在冰花中心又形成了一个六边形的孔洞（见图 1—2）。

【好美】

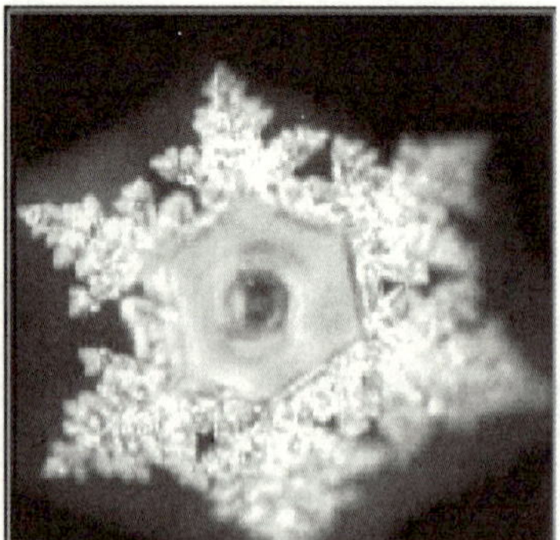

【要变更漂亮】

图 1—2 祝福

当他说“喜欢”的时候，冰结出了漂亮的六角形的冰花；当他说“讨厌”的时候，看到的是，冰从中间碎裂的画面（见图 1—3）。

【喜欢】

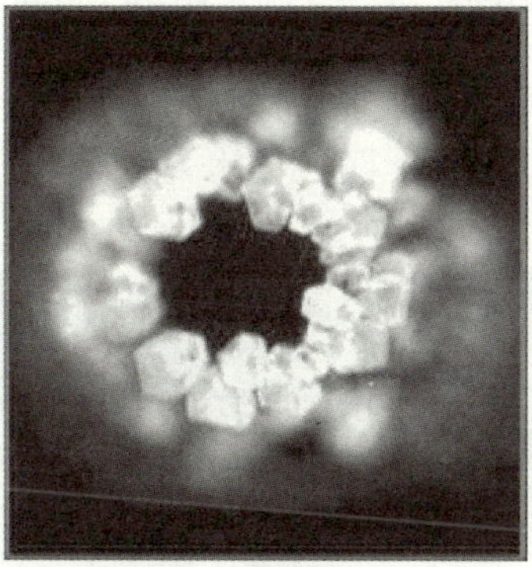

【讨厌】

图 1—3　赞美与批评

当他说“天使”的时候，冰似乎用碎小的晶体拼凑出一颗爱心，让人惊艳；而当他说“恶魔”的时候，看到的则是一种阴森的、如恶魔之眼的画面（见图 1—4）。

【天使】

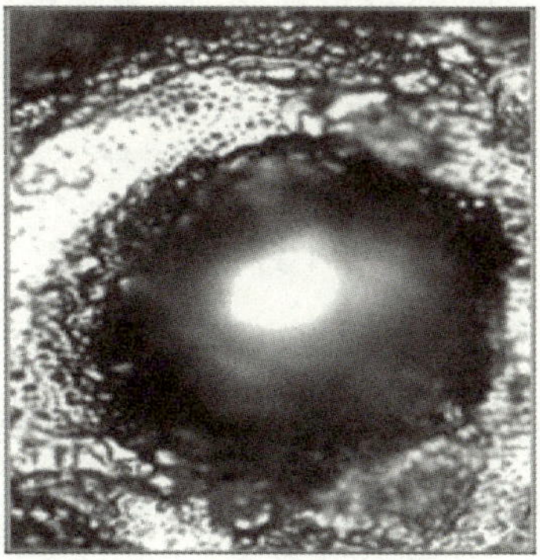

【恶魔】

图 1—4　天使与恶魔

很多人看了这个实验觉得非常神奇，也希望可以亲眼看到，但苦于没有江本胜的冷冻仪器。好在他公布了其他自己可以操作的实验的方法——“三杯水”实验。这个实验自己在家里就可以完成，具体操作方法如下：

在桌上摆三杯水，里面放一些米饭（见图1—5）。

图1—5　“三杯水”实验

然后每天早上起来，对第一杯水说一些开心的事情，如：今天天气不错，一早我精神很好，又可以开始新的一天，我很期待，等等。然后对第二杯水说一些不开心的事情，如：最近工作很忙，有很多小人，谁谁欺负我，等等。然后对第三杯水置之不理。

这三杯水，一个月后会发生怎样的变化？

很多人会觉得米饭都会烂掉吧？一个月后，第一杯“开心的水”，变成了这个样子（见图1—6）：大米开始发酵，而且散发出香气，整个房间都可以闻到，让人觉得舒服。

而第二杯“不开心”的水，则变成这个样子（见图1—7）：大米变黑，米粒开始缩小，而且水也几乎都挥发掉了。

第三杯“置之不理”的水，则变成了这个样子（见图1—8）：这个杯子里的米饭腐烂了，长出各种绿色的东西，让人觉得很不舒

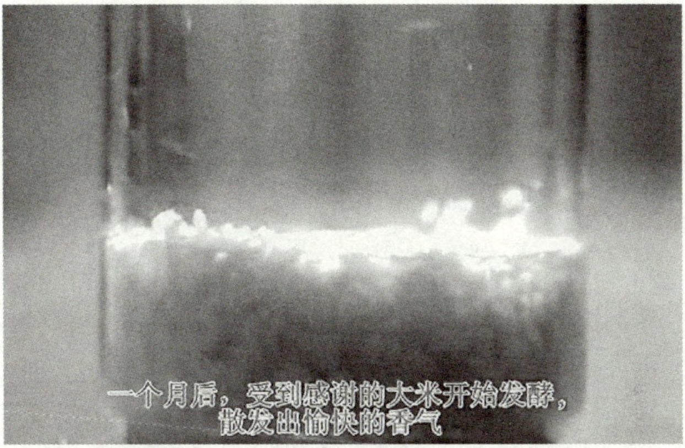

图 1—6　开心

图 1—7　不开心

服。那为什么“置之不理”的杯子，看起来比“不开心”的杯子更糟糕呢？因为情绪如果压抑在内心，传达的时候反而更强烈。如果用语言表达出来了，那么接收方也就只接到了语言表达出来的那一部分。因此，很多时候有情绪，宁愿宣泄出来，也不要冷战，否则

图 1—8　置之不理

伤害更大。

人的身体其实是碳水化合物，跟同样是碳水化合物的米饭与水的结构非常相似。而水在身体里的占比高达 70%，是身体最主要的组成部分。看了上面的实验，我相信你一定可以更直观地了解到，情绪可以对身体造成多大的伤害。

那怎么办呢？不憋着，难道天天出去骂架吗？其实，不同的情绪应该用不同的心理学技巧去应对和排解，只是很多人没有机会接触到这些心理学技巧，而“解压篇”正是专注于各种情绪化解的心理学技巧。

情绪化解三部曲

情绪化解三部曲是通过三个步骤，很快化解掉自己情绪的技巧。这个技巧一旦掌握，可以在 30 秒到 1 分钟内迅速化解情绪。

第一个步骤：动机

有一次我在做个案咨询的时候遇，对方问我："婴儿啼哭的动机是什么？"我回答："寻找爱。"对方愣了一小会后表示认可。说者无心听者有意，之后我开始留心观察，发现人的好多动机的根源都是寻找爱。比如夫妻之间的唠叨，又或者子女对父母的叛逆行为，根源动机都是希望自己能够得到更多爱和关注，都是"寻找爱"。

进一步研究之后，我发现人们行事的动机除了"寻找爱"以外还有"付出爱"，比如父母对子女的教导，又或者爱人之间的相互挑剔，动机都是希望对方变得更好，都是"付出爱。"

在反复研究了很多年以后，我惊讶地发现，人们做事情的最根本的动机几乎都是正向的，做事情的最根本动机只有两个："寻找爱"或"付出爱"。

打个比方：父母碎碎念自己一直单身的孩子，其根本原因是

“付出爱”；又比如说女友用各种方式折腾自己的男友，其根本原因是“寻找爱”。

当我在课堂上传播这个理念的时候，大多数时候会得到认可，但偶尔也会有人调侃：“老师，我去上厕所这是寻找爱还是付出爱呢？”遇到这样的情况我也会笑着回答：“别忘了你自己也是一个人，对自己付出，让自己的身体更轻松，这当然算付出爱。”

所以至少目前在我看来，人们做事情的根本动机就只有两个——“寻找爱”或“付出爱”。人一旦遇到事情很容易情绪冲动，一旦情绪冲动则很容易做出让自己后悔的决定。所以，一旦遇到了问题，你需要做的第一件事就是思考一下，或者问自己一下：“引起情绪的人，是在寻找爱，还是想付出爱？”

这样问之后，你的情绪会先化解30％左右。

第二个步骤：能力

想象一下你在开车，前面有个人在马路中间站着，本着开车要让礼行人的安全原则，你开始一边减速，一边等待他走过去。但你的车速越来越慢，对方却丝毫没有走开的意思。终于你完全地停下来了，对方还是没有走开的意思，你会不会有点生气？

这时候，他侧过身来，你看到，这个人只有一条腿，你还生气吗？生气变成了恻隐之心了，对吧？因为你知道他的身体有残缺。

再回到引起情绪的事情上。事实是，你并不能保证每个人的道德水准都达到你要求的高度，即使每个人都达到了，你也无法保证他的学识、能力、认知、健康程度甚至情绪稳定程度达到你的要求，所以，不管别人做了什么冒犯你的事情，你都要明白，对方是受到了自身能力的限制，才导致了这样的结果。其实，对方已经在能力范围内做出了最大努力，只不过这最大努力还不够好，所以依然对你造成了影响而已。

可能会有人在这里反驳，说很多情况下别人没有做出“最大”努力呀。来，我们进一步思考：请问，在过去的人生中，你是否曾希望有“重来一次”的机会？你是否会觉得很多事情当时没有做好，如果再来一次一定可以大大不同？

相信这种时光穿越类的梦想，大家都有过，相信每个人都曾为过去的自己做的抉择或行动懊恼过、后悔过。其实这样想并不公平，你这一生中做的任何抉择或行动，都已经是当时的你能做出的最好的抉择或行动了。当时的你受到当时情绪的影响，在当时的能力、当时的认知和当时的身体状态等一系列因素的影响下，这已经是当时的你能做出的最大努力，且已经得到当时的你能够得到的最好结果了。

人其实永远不必懊恼过去，原因很简单：你的任何过去的一秒，都已经做了你当时能做的最大努力，只不过，受到各种因素的影响，当时没有得到最好的结果而已。

换句话说，既然你在过去人生的任何时候做出的行为，都是那时候的你能做出的“最大”努力，其他人在他们过去人生中做出的行为，当然也是他们做出的“最大”努力，只不过他们同样受到了各种因素（包括情绪）和各种能力的限制而已。

所以第二步，你需要对自己说：“这个人的目的是为了（寻找爱/付出爱)，但受到能力的限制，他能做出的最大努力就是(对自己造成的影响)。”

第三个步骤:自省

我经常挂在嘴边的，包括我的微信签名，都是这句话:“天下的一切都是自己的镜子，任何情绪都是帮助自己成长的助推器。”我深信，任何引起自我情绪的事情，都是成长的契机，都是自己的影子，也都可以在自己身上找到对应点。

举个例子，我是一个讲师，如果你说我讲课讲得不好，我会内心毫无波澜，因为我对自己讲课水平深信不疑。但是，如果你说我的皮肤黑，我会回答:“你的皮肤才黑，你全家的皮肤都黑。”这是因为我真的觉得自己皮肤有点黑。

举这个例子是想告诉大家:一件事情一旦引起你的情绪了，说明其中某个点切中了你。不然你是不会有任何情绪波动的。换言之，只有在自己身上有相应的可改善的地方的前提下，你才会生气，才会动怒，才会产生情绪。

所以，作为情绪化解三部曲的第三步，你需要在这里问自己一句话:“他们的行为给自己造成了什么影响？自己有没有为了寻找爱/付出爱，对别人/自己造成过类似的影响?”而这个问题，只要之前真的引起你情绪了，那么这个问题的答案永远是“有”。

我们代入一下之前的例子会更容易理解。比如说，父母在碎碎念自己一直单身的孩子，其根本原因是想“付出爱”，父母的目的是为了向孩子付出爱，但受到能力的限制，他们能做出的最大努力就是对孩子碎碎念。代入“他们的行为给自己造成了什么影响？自己有没有为了寻找爱/付出爱，对别人/自己造成过类似的影响？”因为他们的行为让自己烦躁，所以继续往下代入就变成：“自己有没有为了付出爱，让别人或自己烦躁过？”你会发现答案一定是“有”。而到了这个步骤时你已经不生气了，因为你看到了自己产生情绪的根源。

又比如说，女友折腾自己的男友，其根本原因是在“寻找爱”，她的目的是为了向男友寻找爱，但受到能力的限制，她能做出的最大努力就是折腾自己。代入后变成：“他们的行为给自己造成了什么影响？自己有没有为了寻找爱/付出爱，对别人/自己造成过类似的影响？”因为折腾自己让自己不开心，所以继续往下代入就变成：“自己有没有为了寻找爱，让别人或者自己不开心？”答案是不是“是”？这时你会发现，到了这个步骤时，你已经完全不生气了。

这就是重要的第三步，所以第三步的关键是自我反省，简称自省，而使用的诀窍是问自己下面这句话：（自省）他们的行为给自己造成了什么影响？自己有没有为了寻找爱/付出爱，对别人/自己造成过类似的影响？

掌握了这三个步骤，来自他人的大部分情绪都可以在几分钟内化解，这招非常好用，也对保持身心健康有着重大的意义。

情绪化解三部曲尽管好用，但只能针对由其他人造成的事件，如果情绪来自自身的某个事件，比如说工作做不完压力很大，怎么办？接下来我们分享第二招。

30 秒速效解压法

任何事情都是了解后再攻克会简单得多，压力也不例外。所以我先从生物学的角度来讨论什么是压力。压力其实是一种生理反应，人一旦有了压力，身体会发生三种变化，分别是：(1)血往头上涌；(2)前额叶释放一种酶；(3)血管收缩。

我们先看一下为什么人有了压力，身体会起这三种反应。先从血往头上涌开始。人为什么会有压力呢？绝大多数的压力都是"原定目标将要完不成时发生的"。这就是为什么人一旦有了压力，血会往头上涌，因为血往头上涌之后，大脑的运算能力就会加强。想象一下，如果我要做一件事情，本来要花 10 分钟时间，如果你变聪明了，运算能力加强了，是不是 5 分钟就可以搞定了？所以"血往头上涌"是帮助你，让你在更短时间内完成你的目标。

人一旦有了压力以后，前额叶会释放一种酶。这种酶叫催产素——其实催产素男生女生都会释放。那催产素到底是起什么作用的呢？当你释放催产素的时候，你的个人魅力和沟通能力都会加强，很奇妙吧？

大脑为什么会让你沟通能力和个人魅力加强呢？因为你个人

魅力加强了以后，你可以跟更多人有更好的沟通，而更好的沟通就能吸引更多人来帮你把问题解决。比如说一件事情本来你要 10 分钟才能完成，如果有 5 个人帮你一起做，是不是 2 分钟就能搞定了呢？所以催产素是让你吸引更多人来帮忙用的。

遗憾的是，很多人压力大的时候没有去找人帮忙，而是找人吐槽，而且在吐槽的过程中觉得压力大幅度减轻了。那是因为在你吐槽的过程中大脑误以为你在求助，所以停止了释放压力信号，但这只是暂时的，吐槽结束后压力会再次回来。

那这个压力信号是什么呢？它就是身体的变化：血管收缩。压力的第三个身体变化是负面效果，它会收缩你全身的血管，人要血管畅通才会舒服，血管一收缩就会很难受，这也是为什么人压力一大，就什么事都不想做，就想躺在那里——因为觉得很难受。那么，为什么身体会设定一个负面的条件呢？

举个例子，如果切菜时不小心割破了手指，伤口开始流血，你会不会觉得疼？那为什么人会觉得疼呢？疼就是提醒你，你这里受伤了，需要注意。

同样道理，当你的血管收缩时，就是大脑在提醒你："不好意思，你之前设定了一个计划，来不及做了，你到底做不做？不做就来不及了哟，要么你放弃，要么赶快去做吧。"所以血管收缩就像闹钟一样，在叮铃铃地提醒你。可惜很多人血管收缩后非但没有努力去做，反而因为浑身难受恨不得立刻躺下——这样压力只会越来越大。

当你遇到压力的时候应该怎么办呢？首先你的大脑运算能力

加强了，这是好事，不用管他。其次，当你释放前额叶的酶的时候，不要想太多，不要找人碎碎念，有必要的话利用这个催产素，去找更多人帮助你解决当下的问题。

这里说的血管收缩是负面的，换句话说，只要解决血管收缩问题，就可以暂时性地解决压力带来的负面效果。如果此时能够乘机开始针对之前的目标行动起来，那么压力就会彻底消失。

事实上，当人的血管不收缩，纯粹只是满足第一条血往头上涌和第二条前额叶释放催产素这两个条件时，生理上不把这种状态叫压力，而是叫勇气。

所以，关键就在于怎么打通血管，打通血管后，人就可以化压力为勇气。心理学针对打通血管是有专门的方法的，我们叫 478 呼吸法。这是自我催眠的起手式，用特殊的呼吸方式，打通血管，具体的做法是：鼻孔吸气 4 秒，屏住 7 秒，用嘴慢慢吐出 8 秒。这样的呼吸重复 3～4 次，血管就会被充氧和打通。但不要超过 10 次，10 次以上人会开始犯困。

所以，今后遇到压力，采用 478 呼吸法 3～4 次，然后立刻着手去做计划中未完成的事情，就可以 30 秒速效解压，变压力为勇气。

如果有的时候压力不是来自某件还没做的事情，而是来自某个人怎么办？比如领导要把你叫到办公室去“大骂一顿”了，此时你的心情是不是复杂得不可名状？下一招就教你做到如沐春风地挨骂，可以心情愉悦地接受任何指责而不产生情绪。

在争吵中心如止水——接受批评法

有一次我收到一封来信。有个男孩对我说：东叔，我们的领导一天到晚骂我，我知道他是好意，希望我改变，但是他骂我的时候可是全都是："你这个人怎么×××，你这个×××，你怎么还不去×××！"然后他再跟我说："所以你要好好努力啊。"这时，我真的很难认同他的行为对我有正面的驱动，也对他的教诲完全听不进去。遇到有人这样批评我的时候，我应该怎么接受呢？当对方满嘴都是人身攻击的时候，我应该怎么办？

如何在争吵中心如止水？如何在挨骂中如沐春风？接下来，我介绍一下心理学的"接受批评法"。在心理学中，我们内心会认为，我想象出来的世界，跟我现实生活中所遇到的世界，其实没有区别。换言之，如果我能够用想象力把情绪排解掉，那么现实生活中的情绪就不会再次产生。

具体使用方法应该是这个样子的：我用想象力在旁边放一个垃圾桶，那么当我跟这个人对话的时候，当对方开始污言秽语或者人身攻击时，用想象力把这句话用动态画面的形式，放入垃圾桶里。就好像漫画中的对话框一样，把这个对话框直接放入垃圾桶。

而对方不可能一直污言秽语和人身攻击的，偶尔还是会说些有用的内容，比如说："你要好好工作呀"，"你要加油呀"这类正面的、有用的话语，我们也用想象力把它变成对话框，然后用动态画面的形式，把它放入自己的心里。换句话说，整个沟通过程中，大部分时间在用想象力去思考、分析、归类，然后选择哪些是垃圾，让它们进入垃圾桶；哪些是有用的内容，让它们进入心里。

人类的大脑分左脑和右脑，左脑思考，右脑感受，但因为左右脑是分开的，所以人无法同时有效地做两者。思考时感受能力必定下降，感受时思考能力必定下降。比如说考试时很紧张，这是一种感受，是不是很多答案想不起来了？那是因为你思考能力下降了。表白时、演讲时也是一样。在这里我们利用了这个左右脑原理，当你在沟通中花很多时间去分析、思考、归类，你的情绪必定会大幅度下降，而且你还很有仪式感地把攻击你的内容全部过滤掉了，这样的你在对方眼里就是非常虚心接受的样子，会让沟通非常顺畅。但这并不是"接受批评法"的全部，在沟通结束之后，还需要做个有仪式感的后续动作，也只有做完这个后续动作后，自己心中才会真正放下。具体是：当整个沟通结束的时候，不管有没有生气，都心平气和地再坐下来再重新捋一遍：哪句话是应该进入垃圾桶的，那句话是应该放在心里的。全部过完一遍之后再对自己说一些话，这些话可以说得很轻，只有自己能听到，但尽可能说出来："你和我的对话对我有帮助的部分，我已经全部留在心里了，这样可以帮我得到更好的成长，感谢你。对我没有帮助的部分，我已经放到了垃圾桶里，这样可以让我们相处得更轻松。"

当你说完这些以后，你会发现你的情绪也就全都放下了。每次争吵或挨骂时，记得用这招，这样可以让你做到：他强由他强，清风拂山岗。

那如果骂自己的不是领导父母，而是身边的小人怎么办？如何应对一个完全没有正向内容、满嘴尖酸刻薄的小人呢？他骂我我可以做到不生气，但如何做到让他不再烦我？

3招让小人温顺如猫

职场上，情场上，学校里，生活中，我们经常有机会遇到小人。他们尖酸刻薄，难以相处。即使我们为了躲开他们而换环境，新的环境也有很大概率会碰到新的小人。那么，遇到小人怎么办？

首先，我们研究一下为什么会有小人，小人的心态是什么。

想象一下：一个矮个子站在一个高个子面前，他会不会有点不自在？为了避免这种不自在，通常矮个子会采取什么样的行动？站得远一点显得不那么矮？穿双高跟鞋让自己显得高一点？或者找个机会让高个子坐下来，两个人坐着聊？如果这个矮不是源自身高，而是源自内心呢？如果这种矮是源自不自信呢？

“站得远一点显得不那么矮”，这就是为什么自卑的人很难接近，接近后对方会自动拉开距离。“穿高跟鞋让自己显得高一点”，这就是为什么很多自卑的人喜欢自吹自擂，标榜自己，恨不得把全部荣誉和所有的成都一次性堆在你面前。“找个机会让高个子坐下来，两个人坐着聊”，这就是为什么很多自卑的人希望对方也放低姿态，最好大家都不自信，这样他更加自在。这就是为什么自卑的人特别喜欢打击别人，因为这样可以让别人的自信程度下降到他的高度。

这就是为什么小人被称为“小人”，是因为内心渺小的原因。小人的根源就是不自信，而这种不自信会给周围的人带来困扰。不管你去哪个环境，一定会或多或少地遇到不自信的人，那遇到这类的人该怎么办呢？

打击他们？他们已经很自卑了，你进一步压迫他们只会是数倍的反弹，这些人一点就着，一碰就炸，无须多言，你们一定亲身经历过。其实小人疏远你，伤害你，在你面前装着很强大，都仅仅只是自卑而已，换句话说，这一切的原因在于你们的自信程度有差距。所以，你只要消除这个差距，矛盾也就自然消除了。

遇到小人，心理学研究者通常会建议使用以下三种方法。

(1)夸奖

既然核心是自信差，那么提高他的自信就可以了。任何人都有比自己强的地方，找到对方的长处多夸奖几次，对方的自信自然就提升了，他跟你的自信差就会减少，沟通也就会容易很多。

(2)求助

事无大小向他求助，小到借支笔，或者一个工作上完不成的小问题都可以。你会发现向他求助时他态度很恶劣，而且会嘲笑你，但嘲笑你之后，你们的关系会轻松简单很多。

因为求助本身就是放低姿态，能帮助别人自然是更强大的一方。当你求助时对方很有可能借助这个难得占上风的机会好好嘲弄你一番，但之后心态就平了。

(3)主动暴露缺点

人无完人，当一个人很完美地出现在你的生活中时，大多数人会惊叹这个人有多完美的同时，会暗自猜测他是不是有不为人知的瑕疵。

而这个“猜测”是非常有害的，人的想象力是无止境的，这个猜测在没得到答案前也不会停止，这也是很多流言蜚语可以传播的原因，因为你如果看起来太完美，是没人会相信的。

而一旦你主动暴露缺点，大家就会接受你尽管完美但某些地方有瑕疵这个设定，你跟大家的关系反而会变得亲近起来。当然，暴露缺点也是有技巧的。

你暴露的缺点应该是你事先精心选择好的，这个缺点的目的是降低你在别人眼中的自信程度，让你更加平易近人好接触。所以，这个缺点应该同时满足以下三个条件：

首先，这个缺点是真实的，你不能暴露个假缺点。比如说，你自嘲“我这个人最大的缺点就是热爱工作，每天希望加班不回家。”这样的话是不会有好的效果的，因为没人信。

其次，这个缺点应该是无伤大雅的。你如果是个学生，缺点就不可以是记忆力或者理解能力差。你如果在职场，缺点就不可以跟专业相关或者沟通相关。如果你在银行工作却暴露自己不懂金融，做翻译却暴露自己语言不好，做学生却暴露自己记忆力很差，这些都会在未来给你造成麻烦。

常见的无伤大雅的缺点可以是“字很难看”或者“五音不全”，但注意，前者不可以用于文秘工作，后者不可以用于唱歌领域。

最后，这个缺点最好是对方的优点，所谓三人行必有我师，一个再差的人也会有闪光点。通过仔细准备和寻找，你往往会找到一个对方的闪光点，而闪光点之所以在你眼里闪光，往往意味着对方在这一点上做得比你好。而一旦暴露这样的缺点，对方的自信自然提升，自己的自信在对方眼里自然下降，以后沟通就非常轻松自然，不需要再做赞赏和求助之类的事情。

综上所述，小人之所以是小人是因为，在他的心中他不如你。你只需要：(1)多夸奖。(2)事无大小多求助。(3)暴露一个真实的、无伤大雅的、同时是对方优点的缺点。用好上面三招，就可以轻松地抚平小人身上的倒刺，让沟通和相处变得轻而易举，让小人温顺如猫。

如果不断诋毁自己的不是小人，而是自己脑海中挥之不去的自我嘲讽怎么办？外界的小人不可怕，总能解决，但脑海中不断重复的自我诋毁却甩不掉、摆不脱。

3秒钟让头脑中的碎碎念静音
——自我思考法

心理学认为，沟通中文字只占了7%，音调占38%，而身体语言占55%。当文字只占7%的时候，很多时候我们的话是苍白无力的，更多的是音调和身体语言。

想象一下：你在认真地工作，突然有个客户跑过来，指着你鼻子说："我要投诉你，把你经理叫出来！"这个时候，你也知道你要保持自己的专业性，但你的脑子里会不可避免地会跳出一些想法，如："我不想干了！""这人真讨厌！""我要揍他！""他是不是神经病啊？"等。

这个时候你哪怕保持专业性的克制，哪怕你嘴上跟他说："先生/女士，没关系的，我会好好为你服务。"但因为你心中有这样杂乱的思想，你的肌肉是紧绷的，你的音调是高的，所以你说出来的话会是显得不耐烦或者是有敌意的。而当你以这样的方式跟对方沟通的时候，对方还是会投诉你，因为对方可以直接感受到你的怒火。

那怎么办呢？此时，心理学家会建议你使用自我思考法。讲到自我思考法，我通常会建议大家尝试一下开放思维，从另外一个角度去研究大脑。绝大多数人会认为人的大脑是身体里唯一可以思考的器官，但按照近期的科学研究发现，心脏其实也有部分独立思考的能力（这部分论证在自信篇会展开）。所以，大脑跟心脏的关系，可能更像是谋士跟皇帝的关系。

想象一下：你是一个国家的君王，你有一天跟手下说："我要发兵攻打邻国。"这个时候下面的谋士就一定会说："大王万万不可啊。"因为谋士的身份就是给你提建议，不管给你的建议是对的还是错的，提建议是谋士的责任，提出意见后，接纳与否、是否好用都是君王的事。

所以大脑的工作不管是好的还是坏的，它必须要提这样的建议，这是它的工作。所以想象一下：我们在路边看到一个卖彩票的店，我们买了彩票以后，大脑中是不是会跳出这样的念头："你这样的人怎么可能中奖呢？"在路边，我们看到一个漂亮的妹子，我们想要去搭讪，大脑是不是会跳出这样的念头："你这样的人一定会被拒绝的。"当我们路过名校，比如复旦大学、上海交通大学等，我们会想这样的学校我也想进去。这时大脑是不是也会跳出这样的念头："这样的学校你可能考不进去吧？"

可是，要知道，不断地想象自己考不上这样的大学、追不到这样的妹子、中不了这样的奖，这样的杂念对人生是没有什么正面帮助的。这样的建议就是垃圾建议。所以，将来我们遇到类似的问题的时候，我们只要多问自己一个问题，就可以控制大脑（谋士）不再碎碎念地重复负面想法。

这个问题是问自己:“这是真的吗?这是假的吗?还是不知道呢?”如果是真的我们就接受这个想法,真的就接受,没关系的。如果是假的,我们就跟自己的大脑说:“这是假的,以后不要再说了。”你会发现这样的负面念头就因为你一句话而中断了。如果不知道,就跟它说:“等知道了再说。”这句话也会打断大脑的不断重复,让这个话题(想法)中止。

而一旦你开始操作后,你会发现真的事情一点也不会引起你的愤怒,而假的念头只要你跟它说一声从此不要来烦我,大脑就再也不会根据这个观点来向你提议,不知道的事情也是一样的。

我们来演示一遍试试看:想象一下,有个客户来骂你,他说:“我要找你经理,我要投诉你。”这个时候,你满脑子不断地想:“我不干了,我要掀桌子。”

这时,你只需要问自己:这是真的、是假的,还是不知道?即我不干了这个想法是真的、是假的,还是不知道?你会发现这肯定是假的。我要掀桌子了,这个是真的、假的还是不知道呢?这也肯定是假的。想到这里,你大脑中掀桌子和辞职不干的想法就会停止,你也就可以心平气和地跟客户说:“有什么地方我可以为你服务?”

在生活中也可以使用这招,想象一下:你跟你的恋人在一起,你过生日但你的恋人没给你准备礼物,你满脑子的想法都是“他(她)不爱我了。”这时候只需要问自己:这是真的、假的,还是不知道呢?你会发现答案八成是假的,至少也应该是不知道吧?于是,你就可以平静自己的心情,以正常的状态跟他(她)沟通。

所以,本章讲的是解压。请记住,情绪对身体伤害极大,遇到情绪就思考对方的动机，思考对方的能力，然后通过自省来化解。如果压力大就通过478呼吸来把压力变成勇气。被骂时就想象一个垃圾桶，然后有用的放入内心，没用的放入垃圾桶，事后有仪式感地再总结一遍。遇到小人应该夸奖、求助和暴露一个自己真实的、无伤大雅的、同时是对方优点的缺点。遇到挥之不去的思路就问自己这是真的、假的还是不知道。

时常做到这些，正向的调理自己的情绪，让自己真正从心健康快乐起来。

职场篇

升职的诀窍是什么？

前一阵，有个学员跑过来跟我说："东叔，我新入职场，怎样做才可以让自己更快地升职？"大多数学员都会有这样的想法，大家都是刚毕业新入职场，升职是每一个进入职场的人，最先先考虑的事情。

所以今天我们讨论的问题就是：如何升职。

通常人有自己想要达成的目的时，会先设定一个目标，再看一下自己当下的状态，这样就可以清晰地看到当前的状态跟目标的差距，然后只需要针对这个差距行动就可以了。所以我们首先要明白自己跟升职后的自己（我们在这里称为老板）有什么差距，假设你是A的话，老板是C，那么A＋？＝C。换句话说，你跟老板之间的差别是什么？

如果找到你跟老板之间的差别，然后把这个差距补上，不就可以了吗？所以当我们找到你跟老板之间的差距之后，你就能找到自己升职的关键点了。

很多人会认为这个差别是经验，但企业里并不是经验多的人就一定是老板，如果经验丰富的人就可以当老板的话，任何一个在企业里面做得时间久的人都越容易职位升得高，但事实上并不是这样的，很多在企业工作了十年、二十年的员工依然是一线普通员工。

也有人会认为是领导力，其实也并不是擅长管理团队的人就可以升职当老板。事实上，你越表现出自己管理团队的能力，越容易让上司提防你。

还有人会觉得是各式各样能力，比如英文能力、沟通能力、演讲能力等。你会发现这些各式各样的本领依然未必能保障你升职。英文好的有的人可以升职，有的不可以升职；演讲能力强的有的可以升职快，有的会纹丝不动，所以这中间的核心点到底在哪里呢？

讲个故事给你们听，听完后你就会更容易明白。很多年以前东叔自己也开过一家公司，刚开这家公司的时候，东叔非常穷，只能雇两个员工，为什么只雇两个员工呢？因为如果只雇一个的话，我一天到晚跟他面对面，大眼瞪小眼，他左右一看没有其他人，就会很恐慌。而一个也不雇的话，就会出现我一个人身兼数职的情况，比如说我是董事长，兼总经理，兼助理，兼财务，兼会计，兼保安。这样的自我介绍不适合公司的发展。

于是我按照最低成本雇了两个员工，目的是两个员工可以互相为伴，不必跟我大眼瞪小眼。在这样的前提下我开始思考，这两个员工我要付多少钱。当时我给的工资是每月5000元。5000元什么概念呢？事实上从企业的角度，我要每月给你5000元工资，我的公司每月要付出7500元，因为缴纳税金，两个人对我而言就是15000元。但这不是我唯一的支出。开公司是要场地的，而场地是有费用的。当时我找了上海最便宜的办公场所，房租只要

5000 元一个月，所以我每个月的净支出是 15000 元加 5000 元，也就是 20000 元。还没有完，我还要算上水、电、煤、网络等费用，这些约等于 2000 元。对我而言，每个月的硬性支出是 22000 元。

那作为一个企业创业者，我仿佛每天看到一个数字在跳动，每月 2.2 万元，除以工作日的话，就是每天 1000 元，除以工作时间的话，就是每小时 125 元。再除下去会得到每分钟 2 元，每秒钟 3 分。

我为什么要算得这么细呢？想象一下：今天我看到其中的一个员工，然后我觉得他很高兴，然后我决定跟他打个招呼："好久不见，昨晚睡得好吗？"这声招呼，对我而言成本是一毛钱，因为花了我 3 秒时间。

这就是每个老板，真真正正在承担的压力，每个老板承担的压力未必是钱，但这压力是每个老板都有的，只要他是老板，就一定会被这只"无形的手"所影响，而这压力的根源，我们叫风险。

你跟老板之间的真正区别，其实就是风险二字。老板不一定比你聪明，不一定学历比你高，不一定比你长得好看，不一定人脉比你广，他甚至不一定上班比你早，不一定下班比你晚。但真正核心点就是，老板承担的风险，一定大过你，他不一定要承担你的工资，但他承担的风险一定大于你承担的风险。

什么叫承担的风险大于你承担的风险呢？就是说今天如果你说你不做了，你损失的可能是 7000 元或者 10000 元。但如果你的老板说不做了，他的损失就是 30000 元或者 50000 元。

今天如果你拍桌子说："我不开心，我不干了。"那么你损失的只是跳槽的时间，但老板如果跟你一样重新跳槽的话，他的年龄，他的累积,他的团队,他的家庭需要的支持,难度跟你完全不一样。

所以在一个企业里面,老板跟你之间真正的区别其实是风险。这句话对你有什么用呢?你在这个团队里承担越多的风险,你当老板的可能性就越大。你在一个团队里面承担的风险最多,就是老板最喜欢的那个人,当你承担的风险超过老板之后,哪怕没有立刻空出来的位置,你也会被升职到其他的更高的岗位去,因为你承担的风险超过其他人。

很多新人进入企业后,喜欢说我应该学习英语,应该学习管理能力,我应该学习沟通力,应该考各式各样的证,然后我也许就能升职了。这样做了之后,有的人半年就升职了,有的人三年才升职,有的人五年才升职,还有的人十年仍原地不动。为什么有这么大差距呢?因为,如果你今天去的是一家翻译公司,老板不是很懂英语,而老板一天到晚要见外宾,这时候你学英语就对你特别有用,因为你承担了老板的风险。但如果这家企业每个人都会英语,你学英语那就是一招废招,因为除了简历好看点以外,你没有承担老板的任何风险。

你应该花一些时间去研究,弄明白老板真正需要的东西是什么,究竟做什么才能帮老板承担更多的风险。然后只研究这个点,把这个点练到最高的境界,有针对性地去学习、去提升,去更好地承担老板的风险,这就是企业里的升职之道。

这个时候就会有人要问了,既然承担风险就可以当老板,那么为什么很多人做到业绩第一,他在业绩做得最好的时候,却没有得到升职呢?

为什么业绩好的人不一定能升职?

为什么业绩最好的那个人不一定得到升职呢?难道他没有承担足够多的风险吗?职场上,老板真正想要的是什么?

很多人做了一整年,兢兢业业做到年底,心想这一年我的业绩是整个团队里面最高的,老板一定会考虑我吧?结果老板一年又一年地不升他的职。

他会觉得:伯乐不识千里马,所以我打算换个地方重新再来。于是他换了份工作,又一次做到销售冠军,又兢兢业业工作了很久,老板还是没有升他的职,这让他觉得莫名其妙。老板平时跟我讨论的都是业绩,升职的时候又不考虑我,到底是为什么?这个社会太黑暗了。

他其实没有弄明白升职的真正核心点在哪里,让东叔来把这件事情一句话点破:这个风险并不是指你的风险,这个风险指的是老板的风险。

什么叫老板的风险呢?想象一下,你在企业一线做的业绩,考核的方式叫 KPI,也就是你的业绩和指标。假设你完成了这个业绩和指标,这个钱一定会进入你老板的口袋吗?你会发现不一定。

大多数时候，大多数的钱，会先到董事长手里，再到总经理手里，最后才到你老板手里。换句话说，你所赚的钱，不一定会直接进入老板的口袋。所以老板也不会非常非常看重你到底赚多少钱，除非你赚多少钱直接影响他的 KPI，但大多数情况下，他的 KPI 不止业绩一项指标。企业越大越是这样一个情况，直接导致的结果是，对你而言，权重占百分之百的东西，对老板而言，只是他众多 KPI 指标中的一项，他可能除了业绩以外还有其他的指标，比如说离职率、投诉率等。

假设我这个老板，最在意的就是业绩，这个时候你作为业绩第一的销售，我会优先考虑升你，因为你承担了我最多的风险。但假设我最在意的不是业绩怎么办？比如说我在意的是离职率，这个时候你业绩做到百分之百，也不过是我全部风险的百分之二十而已，甚至不是最在意的那百分之二十。这些就直接导致老板不会优先考虑你。

老板会优先考虑其他的东西，比如说，你的团队凝聚力很强，如果我裁了你，整个团队都会跟着你一起走。这个时候我最担心的是团队凝聚力和离职率，你承担了我最大的风险，我就会优先升你的职。

又比如说客户投诉，如果老板最担心的是客户投诉率，投诉率再居高不下他的位置就不保了，而正好有这么一个人口才极好，所有的客户都能够摆平，那这个人就承担了他最多的风险。他就是老板最在意的人，下次升职就会优先考虑他。

所以这中间的核心点是什么呢？这个风险不是指你的风险，

而是指老板的风险，很多人花了很多时间自己在那里猜。花五年甚至十年的时间去猜老板的需求，然后自学英语、演讲等，四处乱撞碰运气。有的时候运气好，三个月撞对了，那么升职就快；有的时候十年也没撞对，那么升职自然很慢。所以与其自己猜，不如花半个月的时间去研究老板的 KPI，主动跟他沟通，弄明白老板真正的需要是什么，然后只研究这一项。因为你只有在研究一项东西的前提下，才有可能脱颖而出。所以，在职场上，一定要弄明白老板真正希望你做什么，也只有做到这一点之后，才可以更快地升职。

说到这里有人要问了：既然一切升职相关都是风险，为什么有的人在职场上明明什么也没有做，只会拍马屁，却一样升职很快呢？

为什么只会溜须拍马的人在企业里有一席之地?

为什么拍马屁的人可以升职升得快?他到底是从哪个角度承担了老板的风险?

有的人兢兢业业做了一整年,年底的时候觉得自己的业绩这么好,老板应该会给自己升职,结果老板却没有升他的职。于是他想:没关系,我心态很平和,你不升我的职,一定是有更厉害的人,让我去研究一下这个人,膜拜一下这个人,学习一下这个人,这样我明年好跟着他,变成下一个升职的人。结果仔细一看,这个人什么都不会,他只会拍马屁,这个时候你内心就不平衡了,就会觉得:"哇,老板太偏心了,实在是有眼无珠,为什么老板不选择我,而去选一个只会拍马屁的人升职呢?"

假设在这个时间点,你不是去分析,而是直接去面对老板,或者质疑老板,或者直接说这个拍马屁的人的坏话的话,你在公司里的地位会一落千丈,而且整体的状态会变得非常麻烦。

那这中间的秘密究竟是什么呢?我们一起思考一下,为什么拍马屁的人在企业里面有升职的空间呢?我们前面说过,企业里面升职空间的秘籍是 A＋B＝C，而这个 B 其实指的是风险。那么拍马屁的人，到底承担了老板什么样的风险呢？想象一下，我是一个老板，还记得我前面举的那个例子吗？老板承担了极大的压力，每一分钟，每一秒钟，每一个小时，每一整天，都要承担各式各样的压力。

假设有一天，你被你的老板骂了一顿，你心情不好。于是去买了杯咖啡。在喝了杯咖啡后，你的心情稍许好了一点。而假设有一天你的老板被他的老板骂了一顿，心情不好，那就不是一杯咖啡救得了的，泡在咖啡馆一整天也不一定能够解决问题——因为可能他等了十年的升职机会就没了。

假设有一天，你的老板对你说："你再这样我要把你开除了。"你肯定会不开心，因为你丢工作会损失 3 个月换工作的时间，还会损失每个月七八千元的收入。但假设有一天，你老板的老板对他说："再不努力我就开除你。"他的不开心程度绝对是你的数倍，因为他的家庭，他的团队，他现在这个年纪，他在这个岗位的累积，他想要跳槽的风险是相当大的。

所以你会发现老板的压力很大。作为一个业绩最好的人，每个月月末交业绩的时候，你也许可以让老板高兴一次。但讲笑话的人，或者拍马屁的人，每天可以让老板开心十次。这个时候，你明白他在老板的心里存在的价值了吧？

我完全没有建议你去拍马屁的意思，但如果我们上一章讨论的是如何在工作上支持老板的话，那么，这一章我们讨论的就是如何在精神上支持老板。因为老板在精神上所需要的支持，其实是相当大的。我并没有让你们都去拍马屁，而是建议你们去关心老板，去问候老板，因为老板真的需要去关心。

当你每次主动跟老板沟通的时候，应该是让他开心的，也只有让他开心之后，他才会想要跟你沟通更多。拍马屁并不是指你每次都对老板说"你好帅啊"这类话，而是指你每次接触老板的时候，可以让他开心。而老板也只有在精神上得到足够多的支持以后，才会真正的喜欢你，这也是帮他承担风险的一部分。

因此，如果我们上一章讨论的是工作上老板所需要的东西，那么这一章我们讨论的就是精神上老板所需要的东西。只有掌握了这两点，才能真正理解核心的升职之道。

讲到这里可能有人就要问了：我明明很努力地承担风险了呀，我关心老板，他交给我的任务我都第一时间去承担，尽管未必每次都按时做到最好，但我很努力了呀，老板为什么不升我的职呢？

为什么我那么努力，老板还是讨厌我？

想象这样一个场景：你的大老板现在站在你面前，很长的办公桌，所有人都在这间办公室里面，老板正在大发雷霆，拍桌子说："这件事情谁来做？"

这时你想到要承担风险，于是一挺胸、一抬头站了起来，对老板说："这件事情我来处理。"

你心想这就叫承担风险吧？没错，这时候，你看到老板眼里噙着热泪，嗓音开始颤抖，他说："真的吗？"这时候，你知道自己做的事情是对的，但紧接着老板又说了一句让你意料之外的话，老板说："下周五前你来得及完成吗？"你仔细算了一下，你觉得周五是肯定来不及完成的，但这时你看到老板眼里的热泪，看到周围同事嘲弄的目光，你想："无论如何我都要拼拼看。"于是你对老板说："行，没问题，下周五我交给你。"

从那天起，你就每天在办公室打地铺，24 小时坚守自己的岗位，拼命地工作，但你还是做不完——一直做到周六的早上，你才完成工作。你把做好的材料放到老板的办公桌上，满心以为老板会认同你，会更加喜欢你，你会得到更好的升职机会，获得加薪。

可是，没想到老板却大发雷霆，把你大骂了一顿，骂完以后半年都不跟你说话，不给你指派任何工作任务。

现实生活中，这种事情是完全有可能发生的。现在我来告诉你，这中间你行动的漏洞和老板真正生气的点到底是什么。首先，你答应老板星期五之前交给他，老板就会答应他的老板或者他的客户，或者其他对他而言重要的人，星期五交货。直接导致一种什么样的情况呢？你星期六交给他的时候，老板已经在星期五替你背锅了，所以，他有30%的怒火在于他替你背了一个锅。这就是老板生气的点。背锅这件事情虽然小，但因为老板承担的风险是你的数倍（上一章我们反复讨论过，老板所承担的风险，老板所背负的压力远远大于你的），所以一旦他替你背了锅，他会非常的生气。而这还不是最重要的，他真正生气的点是，这件背锅的事情原本是可以避免的——其实老板根本不在乎你是否能独立完成这件事。

老板可能也是从一线员工升上来的，他交给你的工作，他自己其实是会做的，他信任你，所以选择把它交给你完成。在他信任你的前提下，你辜负了他的信任。你做不完应该告诉他，他给你再安排一个人不就行了？或者给你更多的时间不就行了？或者给你更多的资源不就行了？调配是他的工作。做不完你就说做不完嘛，但你却选择什么都不说，闷头死干。直到星期五，还是没有告诉他，哪怕你星期一告诉他，星期二，星期三，星期四，甚至星期五的早上告诉他，他都有一些回旋的余地。你非要星期六才把完成的材料放到他的桌上，这个锅他就非背不可了。直接导致以后他要想给你工作的时候，他要先考虑到，这个人有可能会拖累我，我不能为他承担风险。如果我把工作交给他，我必须提前一天把自己的工作安排好，要多花一天的时间去审核他的工作。哎呀，这样太麻烦了，我还是别把工作交给他了。这就是为什么后来半年老板再也不理你的主要原因。

所以，当你主动跟老板沟通的时候，你要尽可能让他开心，但当他给你任务的时候，其实你是被动的。被动的时候，一定要注意两个点：

首先，他给你任务的时候，你是可以跟他沟通的，他并不想听到你不能完成，但你一定要告诉他怎么样你才能够完成。他并不想听到 NO，但你可以告诉他怎么样才能够 YES。这样你才能够保证自己按时把工作完成。

其次，在每个“做”的过程中，你开始“做”了，你“做”了一半了，你来不及“做”了，你都一定要告诉他，甚至你“做”完了，也要告诉他为什么呢？假如说他一直在担心你到底能不能做好，你星期三就已经完成了，但却没有告诉他。那么，星期四他还在担心，星期五还在担心。当你星期五将东西交给他的时候，你对他说你星期三就已经完成了。这时候他就会生闷气，因为你让他星期四、星期五白担心了。所以，重点在于一定要跟他随时沟通，每一个点都沟通，告诉他你做到了什么地步，这才是一个完整的风险。

讲到这里又有人要问了：有人兢兢业业、勤勤恳恳的，眼看就要升职了，突然上面一个需要裁人的指令下来，这个人和其他若干人一起被裁员了，面对这种情况，该怎么办？

怎样让自己的职位稳如泰山?

前段时间有个学员来找我,他也是我多年的老友了。他对我说他在一家知名的媒体公司做了很多年,突然有一天,上面跟他们说要裁员。他想,裁员再怎么样也不可能裁到他的,他是团队里面最厉害的那个人,而且他对这个企业忠心耿耿,路人皆知。

结果裁员的时候,老板偏偏就考虑到了他,他觉得很委屈。他对我说:当年面试的时候我跟老板说,这就是我心心念念的地方,你不论给我多少钱我都会一直在这做下去。只要你裁员的时候不考虑我,我会一直干下去。

他确实说到做到了,十多年了,非但从未考虑过跳槽,而且还变成团队里面最厉害的人。他一直十分努力,在做媒体公司的同时,还考了很多其他的证书,比如说在金融方面他考出了注册会计师证书,在英语方面考出了同声翻译的口译证书。这些东西都是他实实在在的法宝,靠这些东西他在外面另谋出路非常容易,但他一直对公司忠心耿耿,对各种猎头的电话不理不睬。

结果老板还是首先把他裁掉了,他觉得很意外,他就跑过来说东叔啊,老板到底是基于什么样的考量,居然是先考虑裁我呢?明明除了我以外，其他人都是些“小虾米”。

我说这件事情是这样的：因为……所以当然他会优先考虑裁你啦。说完以后，他恍然大悟，然后很高兴地走了。那我到底说了什么呢？我们来讨论一下企业里裁人这中间的风险在哪里。

企业里面的一切跟升职、跟变动有关的，其实就是一个核心词：风险。那么我们来思考一下，裁员的时候，老板的风险在哪里？从老板的角度，他裁员的时候真正思考和担忧的风险是什么？

假设我是老板，我会过分思考遣散费吗？未必，我不会过分考虑这件事情，遣散费是上面给我的，我只要跟上面报个数字就行了，所以这不是我最在意的事情。

裁员的时候，我会过分在意团队的生产力下降吗？未必，上面跟我说我要裁员了，我当然跟上面说一声：不好意思，我们生产力会因此下降。这不就结束了吗？

所以如果我是老板，我真正在意的是什么呢？我要裁员时，我真正在意的只有一个点，那就是我裁了谁，他会来跟我闹。这里有个职员 A 什么都会，他有注册会计师证书，有同声翻译证书。我今天把他裁掉，他明天就可以找到工作，我只要跟他聊遣散费就好了。这里有一堆职员 B，都是一些能力一般的“小虾米”，我裁了他们，未来十年他们可能都找不到工作，那么未来十年他们都可能在我办公室门口扯横幅，然后拍照片转发给所有人，谁的风险比较大？

所以我当然要优先考虑裁掉职员 A。当你在一个企业里面工作的时候，一定要记住，做人要低调。这个低调指的是什么呢？如果你的本领对老板是有用的，请尽可能高调。他需要PPT，你就应该炫耀自己做PPT的能力；他需要演讲能手，你就应该炫耀自己的演讲能力。相反，如果你的本领对老板而言没用，这是一家媒体公司，你会同声翻译又怎样？你有注册会计师证又怎样？你拿到的这些东西对老板没有用，那麻烦你低调一点，因为平时这些东西对老板没用，一旦到裁员的时候，它们就变成了老板觉得你在外面可以生存的好的筹码。他裁你时就一点愧疚都没有，他会优先考虑把你裁掉。所以，大家在企业里面，如果想要职位稳定的工作，应注意以下两点：

诀窍一：对老板没用的本领麻烦你低调一点。

诀窍二：开发出一个对老板来说不可或缺的能力。

这样，在裁员的时候，除非整个企业倒闭，否则基本上你就不会有被裁掉的风险。

因此，企业里升职之道的核心就是风险二字。记得考虑老板工作上真正需要什么，考虑老板的心情，多关心老板，多与老板沟通。当老板给你任务时，要清晰明确地表达怎么样才可以完成，并且在每个环节都跟老板汇报进度。老板需要的技能自己掌握后尽量"炫耀"，老板不需要的技能自己掌握后尽量低调。尽可能掌握至少一项公司不可或缺的本领。以上，就是企业的升职之道。

自信篇

提升关系的秘密

有一个生物学家提出了一个问题："为什么所有生物都在进化，但人类都在退化呢？"大家听了很好奇，问他："明明人类已经站在食物链的顶端了，为什么说人类在退化呢？"他说："按照达尔文的进化论，人类是由猿猴进化来的，为什么现在任何一个人类单挑大猩猩都几乎是必败的呢？至少我们的肉体在不断退化啊。"

他的这个论题尽管是诡辩，但依然很有意思。几个生物学家讨论之后，给了他答案："看一个单细胞生物的进化，并不是这个单细胞生物变得越来越大、越来越强，而是增强达到某种上限以后，就会向分工明确的复杂系统转变，进而形成更加强大的整体。单细胞生物会进化成多细胞生物，多细胞生物会进化出各种器官，各种器官组成了生物的个体，这个进化的过程叫涌现。

"我们人类个体是无法与大猩猩单挑的，但我们可以十个、一百个、一千个、十亿个人类结合成一个复杂的系统，我们可以制造城墙、制造兵器、制造枪支、制造核武器，在装备完善的前提下，我们可以一个人类单挑一亿个大猩猩且毫发无损。因为我们人类的进化，体现在团队的结合上。”

人类的进化体现在团队的结合上。跟团队的结合，是大势所趋，是DNA的安排，是生活中所有的点滴。人类做事情的根本目的，都是为了与其他人有更好的结合，更多地被信任。

比如说魅力，如果这个星球上只有一个人，那这个人是不会花很多时间去化妆、打扮、穿衣搭配的，因为好看是给“别人”看的。

比如说财富，如果这个星球上只有一个人，财富就完全没有意义，财富是花在“别人”身上，让“别人”给自己提供更多服务或者认可的。

再比如，知识，是教导给“别人”用，或者解决“别人”给你的问题用的；能力，是解决各种各样“别人”跟你之间产生的问题而存在的；权力，是指有多少个“别人”为你服务；关系，是指有多少个“别人”信任你

归根结底，人生追求的魅力、财富、权力、知识、能力、关系等，无非是为了让更多的圈子让你参与，更多的“别人”信任你。

那得到在更多的圈子里活动，得到别人的信任，能给你带来什么好处呢？只要更多的圈子认可你，更多的“别人”信任你，你就会过得更好，达成自己的人生目标。

那么，怎样才可以让更多的人信任你呢？

你信任别人，别人就一定会信任你吗？通常是不一定的。电视里看了很多次那种刚刚说我相信你，这事就交给你了，一转身就被出卖的剧情。所以你信任别人，别人却不一定信任你。

你信任别人之后，发生了什么事情呢？当你说完“我这辈子最

相信的人就是你了。”别人是不是会觉得：“我棒棒的，别人都这么信任我。”你有没有发现，他更加相信他自己了。所以，你信任别人，并不能让别人信任你，而只能让别人更加信任他自己。

你信任别人，别人就一定会信任你所相信的东西吗？通常也不一定。我们经常会遇到推销人员对自己说：“你这样的客户我最相信了，来，试试我的新产品吧。”往往他还没说是什么产品，我们就没有兴趣了。

我记得第一次看苹果发布会的时候，乔布斯站在讲台上，面带微笑，充满爱地宣布我们有款神秘的新产品，当他第一次在大屏幕上介绍 iPhone 的时候，他眼里的骄傲让我体会到他是真的喜欢 iPhone 这款产品的，他是发自内心地信任这款产品，觉得这个产品很棒。

他信任这款产品，觉得这款产品很棒；之后我也开始信任这款产品，觉得这款产品很棒；之后很多人，很可能包括你，也开始信任这款产品，觉得这款产品很棒。那是因为你信任别人，别人不一定会信任你所相信的东西，只有你信任这个东西，别人才会信任这个东西。

之前我们为了达成健康的身体、充足的财富、甜美的爱情这些目标，我们提出了疑问：“怎样才可以让更多的人信任你呢？”

我信任某个人，某个人更加信任他自己；我信任某个东西，别人更加信任某个东西。有没有发现信念这个东西，跟光一样，聚集在哪里，哪里就更多？既然如此，那我想要更多人信任我，我该聚焦在哪里呢？

自己，当然是自己，只能是自己。其实只要你信任自己，为自己骄傲，别人就会信任你。

为什么自信了，别人就会相信你？

我相信大家已经听懂这个道理了，但依然在嘀咕背后的逻辑：“为什么我相信自己，别人就会相信我呢？”

举个例子你就明白了。请问是先有了钱，对财富就有自信呢？还是先有了自信，才会变得有钱呢？大多数人会觉得没钱哪来的底气，有了钱才会对自己财富有自信吧？

假如你面前有两个人，一个是穷人，一个是富人。富人经历了某些事件一夜之间变穷了。所以，你面前现在是两个穷人。只不过一个是一生贫穷，一个是一度富有。假设这个一度富有的穷人，遇到另外一个富有的人，他们会怎样对话呢？我认为，他们的对话是相对平等的。比如，“我之前在哪里也有过投资……”又比如，“我觉得最近金融市场的走势是……”还有可能是“有没有关系可以介绍一下，我只需要……”

如果这个一度富有的人跟另外一个富有的人沟通了一整天，那么他就会靠近财富一小步，哪怕是非常小的一步，那也是向前的一小步。

假设那个一生贫穷的人，遇到另外一个富有的人，他们会怎样对话呢？我认为，他们的对话是相对有距离的。比如说“我是穷人，你是有钱人，你只是想骗我的钱……”又比如说“听说有钱人最坏了……”还可能是“你们这种有钱人，就是看不起我们穷人……”这个穷人以这样的心态和沟通方式度过一天，那么他就会离开财富一小步，这后退的步伐哪怕很小，那也是在后退一小步。

一个进，一个退，一天一小步，一百天就是很大的差距了。这就是为什么有钱人哪怕受了损失也会很快东山再起。而穷人，我们在网上做过一个时间段的背景调查，我们搜索了20名中过500万大奖的人，这些人来自不同的国家，我们发现有高达81%的人，在五年后生活又变成他原来的样子。我们认为，因为他认为自己是个穷人，所以他的生活会逐渐变成自己认为的样子。

穷人和曾经的富人起跑线完全一样，唯一不同的是自信，但结果却是一穷一富。所以，是先有了自信，才会变得有钱。

我有个真实案例想跟你分享：2017年11月15日，达·芬奇的一幅画《救世主》在纽约佳士得拍卖行拍出4.5亿美元，折合人民币约31亿元。这幅画在1500年由达·芬奇为法国国王绘制，1625年由法国公主亨利叶作为嫁妆带给了英国国王查理一世。查理一世去世时，这幅画被用来还他的债务，当时的抵债价格是30英镑。

1958年6月25日，这幅画在苏富比拍卖行拍卖，拍卖价格是45英镑。2005年，这幅画再次出现，一位纽约艺术品经销商以1万美元的价格将其买下。

画是同样一幅画，大小一样，作者一样，除了旧了点以外没有任何区别，为什么之前值30英镑，现在值30多亿人民币呢？为什么在十多年前它的拍卖价值还只有1万美元，现在却值4.5亿美元呢？

道理很简单，之前有人认为它值30英镑，现在有人认为它值4.5亿美元，仅此而已。之前卖30英镑是因为：卖家认为它值30英镑，买家也认为它值30英镑。现在卖4.5亿美元是因为：卖家认为它值4.5亿美元，买家也认为它值4.5亿美元。

画是同一幅画，无非是现在的卖家更加认可这幅画，更加相信这幅画，对这幅画的价值更加自信而已。既然更加相信这幅画，可以让这幅画的价格提升，那如何提升自己的"价格"呢？爱自己，信自己。提升自我信念，往自己身上使力，认识到自己的价值，增加自己的"值得感"，然后带着这种感觉去行动即可。

请问是先有了颜值，对魅力就有自信呢？还是先有了自信，才会变得有魅力呢？一个从小被人夸漂亮的女孩，会自然而然地去亲近漂亮的人，结交漂亮的朋友，会自然而然地学习美妆、美容、护肤和服饰搭配，会非常主动地向别人展示自己最美好的一面，且越来越得心应手。哪怕她已经年老了，她的优雅，她的风度，她的气质，还是会让她成为别人眼中充满魅力的人。

一个从小被人说丑的女孩，一旦真心相信自己长得丑，那么再好的容颜、再好的身段，也会被不好的搭配和妆容、不优雅的言行和举止所掩盖。她们会像周星驰电影里故意扮丑的女星一样，你会根本意识不到这个人可以那么的风华绝代。

这两个人颜值相当，但一个越来越美，一个却越来越丑，唯一不同的只是自信。所以，是先有了自信，才会变得有魅力。

是先有了人脉关系，才对人脉自信呢？还是先有了自信，才会变得更有人脉呢？一个对沟通很自信的人，到了一个陌生的城市，也可以立刻交到很多朋友。一个对沟通不自信的人，往往是没有多少朋友。所以是先有了自信，才会变得更有人脉关系。

相信自己是健康的，就会交很多健康向上的朋友，聊天的内容是“我今天跑了10公里。”“我今天跑了15公里。”相信自己是病态的，就会交很多病态的朋友，聊天的内容是“我不舒服，现在走15分钟就累。”“我走10分钟就累。”同样的身体，今天挑战10公里，明天挑战更多，自然越来越好。如果是今天走15分钟累了，明天走10分钟就不再迈步了，身体自然越来越差。所以是先有了自信，才会变得更加健康。

人脉、健康、魅力、财富，都是先有自信才会开始得到的。并不是我自信了，下一秒我就有钱了，变美了，而是我自信了之后，在未来的一段时间内会发生潜移默化的改变，我的一点一滴、一言一行，都小步的但坚定地走向自己信念中的“人设”，然后不知不觉中，你就在那了，你就拥有了，你就得到了。

再举一个例子。假设你的面前有道时光门，打开它以后你可以穿越到你小的时候。假设你穿越到你小学二年级的时候，你拥有现在所有的记忆，成年人的心智，小学二年级的身体，你是不是可以轻松的扫平二年级的所有功课，让所有人对你刮目相看？让老师喜欢你，让班花或校草爱慕你？

相信绝大多数人都会给我一个肯定回答。毕竟小学二年级的功课太简单了。可是，翻开记忆的画卷，我发现小学二年级课本的记忆是模糊的，我不记得当时学了什么，我不记得看过的书本、做过的题目，我不记得小学二年级我学了什么。我只是单纯的坚信我能学好小学二年级的功课而已。

因为我不记得我学了什么，所以穿越后的我，还是要重新学一遍，只不过这一次因为我的意气风发，自信满满，我可以学得很快，学得很好。

我的成绩不是一穿越就很好，我是要重新学习的。老师不是从我一穿越就开始喜欢我，我依然要重新争取的。班花或校草的爱慕也不是一上来就有的，我依然要去表现和沟通的。但，我一定可以做到，并且轻而易举。因为，我已经有足够的自信。我穿越到小学二年级后，主要带回去的是我的自信，而只要我拥有这个自信，一切就会变得轻而易举。我还是要重新去学习、去沟通，但一切会发生得很快，发生得很好，一切会得到的轻而易举。

我没办法帮你穿越到小学二年级。但，我可以把未来的成功的版本的你所拥有的自信，拉到现在给你。我可以把现在的你变得自信，而一旦你变得自信之后，面前的一切困难，就好像小学二年级的课本一样，变得轻而易举。

你还是需要去重新学习和沟通，但你会充满动力。极大地提高自信，这就是自我信念提升。

自信改变生活的原理——人生学校论

在正式内容开始之前，我们先讲一个故事，这个故事会更好地帮助你理解我将要讲的内容。

想象一下：你还是个孩子，有一天，你去上学。你告别父母，背着书包，一路走到学校门口。在学校门口，你遇到了校长。校长说：今天又来读书啦？今天打算学什么科目啊？”你在学校门口选择了数学、语文和美术三个科目。校长又说：这些科目你要什么难度呢？于是你选择了高等难度的数学、中等难度的语文和低等难度的美术。

于是你背着书包，走进课堂，迎来了你的第一堂课程。进来的是高等数学老师。老师英俊潇洒，谈吐风趣，尽管授课内容很难，而你却听得津津有味，学习的时间飞快地过去，一堂课下来，你觉得收获颇丰。

紧接着是第二堂课，中等难度的语文课。进来一个长相猥琐的男人，他打开课本开始照本宣科，尽管他看似很渊博的样子，而且看得出他很卖力地在上课，但你总也无法集中精神，时间就这么慢慢地在发呆、走神和玩手机之间度过。一堂课下来，你几乎一无所获。本来多学点或者少学点其实没有关系，但不巧的是遇到了考试。你没学会什么自然考试无法通过，于是被一次次安排重考，每次考题不同，但考试的范围都相同，而每次重考后的惩罚在逐渐加深。老师为了让你下定决心改变，先是点名批评，然后罚站，然后抄作业，最后叫家长签名。

转眼，午休的时间到了，大家纷纷起立。座位被重新打乱，你发现重新安排的座位表里，你多了个同桌。你觉得挺开心，因为下午有伴可以一起玩。你高兴但没有很兴奋，因为这个同桌，甚至周围的同学，你本来就认识，只是昨天他/她坐在你前面，今天做你同桌而已。这些人尽管位置有了变化，但你们一直都是同学，也一直都认识。

座位变化的不仅是同桌，你发现有的座位下午是空的，看来有同学提前下课了，你心中不由得酸酸的。你知道这种酸酸的感觉主要是羡慕：有同学可以先下课回去玩，你却要继续留下来读书……

不仅如此，有些本来是空的座位，居然下午开始有人了，看来有同学错过了上午的课程，中午才来，你不禁善心大发，觉得如有需要自己可以把上午的笔记给他抄，毕竟都是好同学，而且自己又比他们来得早。

然后，是第三节课，低等难度的美术课。你跟同桌一边说悄悄话，一边学着画素描基础内容，本来课程难度就不大，你又是男女搭配干活不累的节奏，加上老师本身授课技巧也挺高，一堂课下来，你的美术技能稳步增长了不少。

然后,你伸了个懒腰,跟同桌道别,你觉得一天下来学了不少,但离毕业还遥遥无期,只是自己向着目标又前进了一小步而已。你礼貌地跟所有人道别,然后背上书包回家了。

是不是没有看懂?我们一起换个角度再看一遍,你就会突然发现一切都清晰明了:人的一生,相当于学校的一天。

在一切开始之前,你选择进入"人生"这个课题,而开始这个课题之前,你的内心问你:"你想学习什么课程?"每个人课程不同,有的是事业,有的是爱情,有的是家庭,这些难度一方面取决于自己希望进步的程度,另一方面则取决于之前的累积。无论如何,这些都是你自己的选择,在你做完了选择之后,你开始了你的人生。

你在课堂上遇到了很多好的老师,他们像那个高大英俊、谈吐幽默的高等数学老师一样,这些人会成为你课题的榜样。如果你的课题是爱情,则这些人爱情甜蜜美满。如果你的课题是事业,则这些人事业顺风顺水。他们会活成你想要成为的样子。他们的存在就像一个目标,或者一个指引,他们会给你一个清晰的前进的方向。

学习课程的过程中,除了遇到好老师外,还会遇到坏老师,如同你遇到的那个猥琐的语文老师一样。和好老师不同,坏老师会活成你所有课题的反面教材,如果你的课题是事业,坏老师会处于事业低谷,你会看到他们受到各种排挤、打压,卡在瓶颈。如果你的课题是爱情,则坏老师会处在爱情低谷,你会看到他们受到各种伤害、背叛,迷茫无助。坏老师会活成你不想要的样子,他们的存在就像一个警醒,你会不断想要远离这种状态。

好老师在前面领路，坏老师在后面鞭策，你课题提升的方向，就会变成一条清晰明确的道路。而一个课题只要没有学好，就会遇到考试，每次重考的题目不同，但范围相同。其实人生中大多数的困难，都仅仅是题目不同，但范围相同的考试。这里提到的“重考”是指什么呢？比方说：有人在公司里跟领导沟通不畅，于是跳槽，可到了新的单位跟新的领导依然沟通不畅。再跳，又遇到一个沟通不畅的领导。于是辞职回家，突然发现跟父母也沟通不畅了。如果你的课题是沟通，再怎么逃也逃不掉的，你所逃避的一切，必定会以另外一种更重更痛的方式回到你的生命中，直到你学会为止。换句话说，生命中的一切无非是希望你学习好自己的课题，一旦学好这个课题，哪怕只是刚刚开始，生命中的那些困难也会开始云淡风轻。

到了中午，小伙伴的位置被打乱了，或者说，到了成年后，周围人的位置被打乱了，原本照顾你的父母变成你照顾的对象，原本的闺蜜变得疏远，原本的追求者另外有了爱情，原本崇拜的老师在你心中地位每况愈下……而更重要的是，你有了个同桌，或者说，你有了个爱人。

你以为这是机缘巧合，爱情到底是怎样匹配两个人的你并不清楚。社会上讲的各种资质，都不能解释为什么两个人会在一起，匹配的东西又到底是什么。

你会发现两个人相爱，匹配的未必是财富，不是家境收入一致的人才会走到一起；匹配的也未必是容貌，不是每一对都看起来很登对；匹配的也未必是才华，结婚未必学历对等或者学识对等；匹配的不是关系、不是人脉、不是身体素质、不是身材、不是人品、不是地位、不是爱好，甚至不是综合条件。很多人综合条件完全不匹配，但依然走到了一起。那两个人相爱，匹配的是什么呢？

两个人相爱，是自信的匹配。你有多爱自己，就只能匹配到多爱自己的爱人。你给自己打80分，就只会跟给自己打80分的人在一起。很多家境富足、学历高、颜值高的人，不自信，给自己打70分，那么就只会找到同样给自己打70分的人。哪怕那个人没有那些物质条件，只要自信，两个人就能够真正的敞开心扉的沟通，萌生爱意。

很多人通过一些手段让自己显得更加自信，比如说用个上万元的包包装扮自己，或者学习一些PUA(pick up artist，特指攻心用的心理学技术)。但是，虚假的自信不是真的自信，这样的人可以很容易恋爱，却无法走进婚姻的殿堂，这也是为什么大多数教别人PUA的人自己也婚姻不顺的原因。

经常有女孩子问我她为什么总是碰到渣男。渣男之所以是渣男，是因为他们以爱为名去伤害别人。而一个人如果需要通过伤害别人来获得自信，那本身肯定是不自信的。而那些女孩能够接受别人对自己的伤害，也是不爱自己和不自信的表现。渣男和那些女孩的自信匹配度是一样的，不然她们不会一次次选择被伤害。如果她真的自信，从一开始就不会对渣男感兴趣。渣男的出现是考题，是为了教会女孩爱自己，让自己自信起来。但她一次次选择去付出或者逃避，在学会爱自己之前，她只会遇到渣男。在学会了爱自己之后，生活中她就再也不会对渣男有兴趣，也再不会被渣男所吸引。

爱情的秘密是自信的匹配，得到甜美爱情，再不为情所伤的唯一方法是真正的提高自信，真正开始爱自己，为自己骄傲。

座位变化的不仅是同桌，你发现有的座位下午是空的，看来有同学提前下课了。在人生的中段，往往会遇到有亲人先离开，你直接的情绪是悲伤，这种悲伤似乎深入骨髓，然而你真正挖掘这情绪的根源，你会发现你伤心的不是他/她的离开，而是从此你的孤独。

因为他去了哪里你并不知道，你的悲伤是来自你认为从此以后自己将孤独，而不是为他/她之后的日子而悲伤，你并不知道他/她离开后会怎样，你的悲伤主要是针对自己……而这其实应该尽快放下，因为孤独总是有办法排解，沉浸在悲伤中则会持续伤害周围的人。

不仅如此，有些本来是空的座位，居然下午开始有人了，看来有同学错过了上午的课程，中午才来。在这里，这些迟来的人指的是孩子。人到一定的阶段，往往会有个孩子，他/她比你晚来，所以你会觉得教育他/她、帮助他/她是你的责任。事实上也的确如此，这个世界上没有比助人更重要的事情了，但其实孩子并不比你弱小，在内心面前你们同等高贵，他/她只是比你晚来一些，你并不是真正拥有你的孩子，所以你不能随意地打骂，或者以爱为名来操办他/她的整个人生。孩子在我们的生命中有三个意义：(1)给你种福田、积道德的机会。(2)跟孩子在一起可以重新学会天真和善良。(3)在教育孩子的过程中，你所学的东西会进一步巩固。所以孩子不是你的私有财产，孩子其实是你的老师。随意打骂，或尝试操办他/她的整个人生，或是过分担忧，都是没有意义的，都有很大的反作用。他/她有自己的课题，自然也会有自己的人生旅程。

到了下午，你的最后一个课题出现了，那就是家庭。就好像你上课时是男女搭配着一起学一样，爱情也是两个人共同的功课，结婚仅仅是这个课题的开始。在同一屋檐下，磁场是共振的，这句话的意思就是，只要你不断提升你的自信，不断努力，跟你时刻在一起的他/她也会不断提升自己的自信，不断努力。这努力不是指单纯地追求财富，社会地位或者任何物质，而是指只要遵循自己的课题，并且不断成长，则家庭会越来越幸福、越来越好。内心安排好的路肯定是走得下去的，唯一需要的是信念和勇气。所以学习的意义是成长，而生命的意义是学习。

当你已经走在正确的成长道路上，老师自然不需要继续惩罚你，生命中的困难也会反转或者消失，而找到自己选择的课题，不断提升自己，则生活会越来越好，越来越幸福。这，就是自我信念提升。

怎样找到自己的人生课题？

为了提高自信，首先应该找到自己不自信的地方。所有的不自信，其实都是自己某方面的本领不足导致的，也都可以通过针对性的提高这方面的本领而改善。

我们把本领分成五大类：健康、魅力、知识、财富、本领。只要找到自己属于哪一类的课题，并且明确具体是该课题项下的什么问题，然后就可以有针对性地进行提升。

健康：指各种身体相关的本领，很多时候人们误以为健康一定是DNA主导的，大部分是先天的，很多时候是年龄和外力的导向。但事实上，健康的绝大多数（除生死和感冒等外力）都是来自内心的显现。有许多案例显示癌症患者换了心态后状态改善甚至痊愈，也有许多案例显示年轻健康的人因为突然接受了一些承受不了的坏消息，大受打击，短时间之内重病甚至死亡。这些都是心境影响健康的证明。所谓健康，是指健康类的自信建立。

这方面的课题包括眼耳鼻舌、五脏、皮肤、血管、年轻程度、肌肉、四肢、躯干等一系列的自信建立。这方面的自信如果匮乏，则病灶会反复出现，这也是为什么很多人肿瘤切了又长，长了再切，因为病灶来自内心。而内心会对自己身体有负面信念的原因，一部分来自年龄老化等方面自己给自己下的负面暗示，很多时候药类媒体广告也会主动植入这样的暗示。另外一部分来自各种原因的自责、懊恼等负面情绪。我国古代早就从五行对应五脏的角度解释了情绪对身体的伤害，肝对应怒，怒气不散就会伤肝；心对应喜，过度的欢喜则会伤心；脾对应思，过度的担忧和负面情绪会伤脾，思在这里指的是忧思；肺对应悲，过分悲伤伤肺，另外肺主皮毛，所以悲伤还会长皱纹；肾对应恐，惊吓多了就会伤肾。所以如果是情绪导致身体不好，则需要从情绪入手，先解决情绪的根源。而这方面的自信一旦建立，则身体自愈机能会被调用，让身体状态大幅度改善。

魅力：指各种与魅力相关的本领，很多时候人们误以为魅力一定是父母给的，大部分是先天的，很多时候是年龄和外力的导向。但正如前文提到的：一个从小被人夸漂亮的女孩，会自然而然地去亲近漂亮的人，结交漂亮的朋友，会自然而然地学习美妆、美容、护肤和服装搭配，会非常主动地向别人展示自己最美好的一面，会逐渐变得充满魅力。

一个从小被人说丑的女孩，一旦真心相信自己长得丑，那么再好的容颜、再好的身段，也会被不好的搭配和妆容、不优雅的言行和举止所掩盖。而很多明明很漂亮的女孩，却因为不够自信，被人说“空具一副皮囊”“没有一个有趣的灵魂”，这一切说的都是一个道理，魅力的真正体现其实来自内在，唯有相信自己美的人才可以由内而外地透出魅力来。

魅力方面的课题包括美容、美妆、服饰搭配、发型、声线、身材、谈吐、肢体语言等一系列的内容。这方面的自信如果匮乏，则会一再错过很多次机会，比如说就职时会发挥得不尽如人意，演说时会表现得不如平时，遇到喜欢的人会畏缩不前，经常会考虑退而求其次，接受自己不是很喜欢的人。遇到事情不敢表达自己真实需求和想法，很多时候宁愿自己吃亏，憋久了也有可能反过来变得歇斯底里或者性格变得极端，包括易怒、善妒等情况。这些大多是源自魅力方面的不自信。而这方面的自信一旦建立，则言行举止会变得魅力四射，眼神会变得灵动，家庭关系会大幅度改善，人际关系也会大幅度改善。

知识：指各种与知识相关的本领，很多人误以为没有知识是件很丢脸的事情，"没文化"常常是种很能引起别人情绪的贬义词，但其实任何话只要能够引起你的情绪，就说明某种程度说中你了，否则你是不会有情绪的。

所以当有人说你"没文化"使你生气的时候，你需要自省一下，生气说明自己真的觉得自己某方面文化累积不足，那么就应该去补充这方面的学识，而不是骂回去。那样的处理方式不解决任何问题，因为换个环境还是会有其他人或多或少、或明或暗的提到文化，还是会戳中你的心。

这也是为什么我之前在人生学校论里面提到"考不过的课题是会反复重复的"，那是因为打击你的"坏老师"不解决问题，逃避也不解决问题，唯一解决问题的方法是提高自己。

知识方面的课题包括学问、才华、学历、文字的积累（包括母语和外语)、世界观等，其实知识无非是知道或者不知道，有或者没有。不知道去查一下就知道了，没有去学一下也就有了，但很多人会选择藏一下自己的短板，这一藏就会越来越不自信。

知识方面的自信如果匮乏，取决于匮乏的方面，比如说对英文不自信，那么就几乎无法跟外国人沟通，会尽量避免一切英文的邮件，遇到说话冒出几个英文单词的同事也会不由自主地回避，心生妒意或者低下头来。又比如说对学历的不自信，学位是努力就可以拿到的东西，但很多人一辈子看到高学历的人就低下头，觉得对方很了不起，自己没有就不敢跟任何人提这类话题，甚至恋爱时找到高学历的人就觉得自己是高攀了，有升职机会时心中也一直觉得自己学历不如别人，所以轮不到自己。

而这方面的自信一旦建立，谈吐就会更加有深度，说话会很通透，很招人喜欢，家人会更喜欢你，感情上会更平等，职场上升职的机会也会更多。

财富：指各种跟财富相关的本领，正如前文所说，财富是信念的产物，先要相信自己可以拥有财富，财富才会更加轻松地得到。

有人从小看动画片，发现很多坏人都是有钱人。从小又相信自己要做个好人。这两个矛盾的信念同时存在后，就直接导致很多人潜意识里面有“我不能拥有财富，因为我是好人”这样的念头。一旦这样的信念形成之后，赚的钱会很快就会被消耗掉，而不是累积起来，导致财富一直无法形成规模。

财富方面的课题包括赚钱能力(靠本领赚钱)、守财能力(守住不流失)、理财能力(靠钱赚钱)、花钱能力(大手大脚或太小气)等一系列的能力。

财富方面的自信如果匮乏，则财富不容易积累，收入会减少，跟人沟通时会下意识地进行攀比，会用物质限制自己，自我抨击，还会影响跟人的沟通与交往。尤其是感情中有财富方面的不自信会很容易导致感情不顺利。

而这方面的自信一旦建立，举手投足会更加自信、更加阳光，心态会更平和，而且财富也会更加容易累积，收入的机会增多，财富的流通性也会变好。

本领：指除了上述三种情况外的其他本领。本领这一项看似很抽象，但因为本领包括沟通能力，于是便成为最重要的能力，大多数人的功课也是在本领项下。本领类课题包括记忆力、逻辑分析能力、表达能力、组织能力、时间安排能力，管理能力、敞开心扉的能力、沟通彼此需求的能力、做事后认可的行动的能力、奖惩能力、倾听能力、对身体的控制能力、应用能力、接受/理解别人世界观的能力等。

这方面的自信如果匮乏，会导致方方面面的问题。比如，对记忆力不自信，选择藏着掖着不让人知道，遇到问题找借口搪塞，则会一直随机忘记事情，总有一天忘记的会是重要事件，进而对别人或自己造成打击。

再比如说敞开心扉的能力，凡事憋着不说，什么事情都自己扛，别人看着你很累，问你又得不到答案，造成沟通堵塞，个人内心封闭，家人、爱人走不进你的内心，最初你只是会有孤独感，之后会有越来越强烈的不快乐的感觉，进而影响自己的身体和周围人的感情。

而不管是记忆力、逻辑分析能力还是管理能力，都是越学越会、越用越好，反过来，也都是越藏越差、越躲越糟。所有的本领都是只要学和用就可以变强的，基本上都是可以通过后天努力而改变。本领方面的自信如果建立，则人际沟通会大幅度改善，家庭会变得和睦幸福，感情的获得会变得轻而易举，财富的拥有也会变得轻松简单。

健康、魅力、知识、财富、本领这五个课题，我称为副课题。

什么是副课题?

生命中同一阶段中大多数的问题,是由同一个副课题引起的,尽管随着你课程的提升,你的副课题会逐步改变,但绝大多数人生的困难都源自同一个副课题,一旦副课题开始改变,人生已经大幅度改变了。

举个例子。有个来访者说自己生活很苦,遇到一系列的问题:多年不能升职,领导不赏识自己,爱人时常跟自己吵架,父母觉得自己没有出息,子女读书也不好。

但当我层层剥离以后发现,职场不升职是因为他长期不去向领导表现自己,而不表现自己的核心原因在于他是大专学历,觉得没有竞争力和话语权。

爱人时常跟他吵架,但其实吵架的内容是他总觉得爱人的学历比自己高,所以一旦提到跟学历有关的事情,就觉得爱人在戳痛自己,然后就会大吵。

父母觉得他没有出息,但其实每次吵架内容,分析之后发现都是父母在关心他,希望他上进和努力,但他固执地认为学历已经木已成舟,努力没有意义。子女读书不好的问题也是如此,层层剥离到最后，我发现是因为他觉得自己读书也不好，所以教不好孩子。

换句话说，他的职场、爱人、家人、子女等一系列问题都源自同一个问题——知识项下的学历问题。解决了这个问题，则解决了所有问题，生活也会大进一步。

通过咨询，他先是建立了学历的自信，然后去报考了专升本的考试。他还仅仅是在就读阶段，还没有毕业，但因为他自信了，所以沟通模式不一样了，领导面前他更愿意表现自己了，妻子跟自己的沟通他不会觉得在戳痛自己，他可以挺起胸膛对父母说自己很努力上进，也可以更加自信地教孩子功课了。报考后的两个月内，他先后经历了升职、妻子主动拥抱、孩子成绩拿奖和全家带父母出去旅行等一系列事件，他的人生开始“反转”了。

这个例子不仅仅是个案，其实所有人当下只有一个副课题，只要解决了一个副课题，生活就会改变了。

既然生命中大多数的困难都源自同一个副课题（尽管副课题会随着自己提升而改变，但同一时间只有一个），而且只要解决这个课题，就能解决生命中大多数的问题，那为什么叫它副课题？为什么不叫主课题呢？

副课题是为主课题服务的

三国时期，大家讲到刘备，会觉得这是个以德服人的人，但真的说刘备有什么过人的本领，大家会摇摇头说不出来，因为此人其实没有特别过人的本领。论武功他不如赵云，论领兵他不如关羽，论杀敌他不如张飞，论谋略他不如诸葛亮。既然刘备没有什么过人的本领，他凭什么能够领导蜀国呢？只是靠血统吗？他的血统只能让他卖草鞋。真正让他一统蜀国的，是别的原因。

换句话说，刘备的健康、魅力、知识、财富、本领尽管重要，但不是他成功的根本。话题绕回来，为什么找到一个课题就可以解决大多数问题，为什么这样一个核心的万能钥匙，要叫副课题，要为主课题让路呢？

因为健康、魅力、知识、财富、本领尽管重要，但很多时候它们只是我们自己给自己的一个不努力沟通的借口而已。回到之前讨论的案例，那个职场、爱人、父母、子女都不顺利的人，他并没有真正得到他的学历，他只是开始努力而已，但在职场他升职了，与爱人的关系和谐了，与父母的感情变好了，子女的成绩提高了。

换句话说，是他自己以学历低为借口，逃避跟领导的沟通，打压跟爱人的沟通，挑剔跟父母的沟通，回避跟子女的沟通导致的。副课题很重要，副课题会给你足够的底气，但这个底气只有一个目的，就是让你的沟通变得更好。

本章的开篇提到，人类的进化，体现在团队结合上，而不是单打独斗。所谓跟团队的合作，无非就是沟通两个字。在这里沟通并不单指面对面、一对一的说话，任何形式的沟通都可能是当下正确的选择，比如说打电话，比如说写信，初阶甚至可以是一个行动或者表态。所有的副课题都是为了沟通服务的，而沟通的对象就是主课题。

该做的努力还是要做，不然案例中的人没有学历最终还是没有底气。其实所有问题的解决，都是从沟通开始，到沟通结束的。

那如果他不沟通呢？默默地努力一把，甚至不去努力，纯粹回避，反正就是不沟通，会发生什么情况？

不去面对副课题的后果

在这里我们做一个假设，假设前面案例中的那个人没有去面对自己的课题，没有去参加专升本学习，而是像大多数人那样，把责任归结到别人身上，会发生什么事情？

职场上不能升职，他不去归内因，而是觉得老板有眼无珠。这样的想法很正常，很符合逻辑，所以他很容易说服自己相信这是真的。于是他选择了跳槽。但放弃累积，跳槽到了新的环境后，他还是会或多或少、或明或暗地听到/看到/接触到一些跟学历有关的话题，他还是会持续回避/打击这些话题，造成同事或者老板觉得这个人很敏感不好相处。他依然会因此得不到重用，继续循环在“努力却不升职”的怪圈里。

夫妻吵架，他不去归内因，而是觉得妻子不懂自己、不尊重自己、看不起自己。这样的想法很简单、很轻松，因为是别人的错，自己不需要承担任何责任。于是他出去花天酒地找小三，不是为了解气，而是觉得另外找个懂自己、尊重自己的人更简单。因为找个学历比自己还低的小三，他就可以轻松，就可以挺直腰板，就可以扬眉吐气。这条路走下去之后，妻子会离开他，他会跟小三在一起

(爱情其实是自信匹配度,不去提高自信,偷懒选择降低自信或者打击别人来取得自信,是一切爱情中争吵的根源,这也是为什么通常小三不如原配的主要原因)。然后小三依然会或明或暗、或多或少地让他听到/看到/接触到一些跟学历有关的话题,不是因为小三的故意,而是这本来就是个多少会讨论到的话题,一旦接触到了,他依然会暴跳如雷,依然会吵架,依然会觉得对方看不起自己,他会继续循环在"不管怎么换都永远吵架"的怪圈里。

父母希望他上进,说了他几句,他觉得父母处处针对自己,看不起自己,于是减少跟父母往来,只在节假日问候一声。慢慢地,他与父母的沟通越来越少,只报个平安,好不容易沟通两句就巴不得尽快挂电话。他以为反正父母就两个人,逃避了以后就不会重来,不会像职场和婚姻那样陷入循环。恰恰相反,这样的循环非但存在,而且痛彻心扉。我看了很多相关案例,都是自己不尊重父母,不跟父母敞开心扉的沟通,孩子看在眼里学在心里,平时不显露出来,然后叛逆期一爆发就是很多年。当他自己跳着脚,觉得孩子怎么那么难沟通时,可曾想过这恰恰是自己对自己父母的沟通模式,可曾记得自己对父母的歇斯底里或者爱理不理?

之所以要花那么长的篇幅去做这个假设,是因为大多数人遇到问题,都喜欢怪别人。

怪别人确实有很多好处,比如说怪别人很轻松,有那么点解气,而且很容易。但怪别人也有个非常大的弊端:怪别人永远不解决任何问题。而这个回避的问题,必定会以更痛的方式回到你的生命里。

这也是为什么我们强调自省。很多时候，其他人确确实实是造成这件事情的原因，但哪怕把那些人全部“放倒”，也不能解决任何问题。解决问题的钥匙，永远在自己心里。

有不少女孩跟我哭诉，说自己遇到了渣男，受到了种种伤害。但如果够自信、够爱自己、够为自己骄傲，怎么可能允许别人不断地伤害自己？渣男固然可恶，但不自信这个问题不解决，下一个能让她心动的男孩，依然只能是同等不自信的男孩。不同的是，她因为不自信而选择受伤害，而那个男孩因为不自信而选择伤害别人来证明自己。

恋爱其实就是自信的匹配度。一个在爱情上给自己打 60 分的女孩，永远只能跟一个在爱情上给自己打 60 分的男孩在一起。所以即使打遍天下渣男，依然不能解决内心不自信的问题，依然找不到自己的真爱。即使终身不嫁回避这个问题终身，不自信的问题依然会在其他方面以其他形式的困难回到自己的生活中。

所以，我们强调遇到问题要自省，不是因为对方没有错，而是因为怪别人不解决任何问题，只有自省才能从根源上解决问题。

你可以改变自己后再去怪别人，不过那个时候你对别人通常只有原谅和感激，因为你会发现你怪的那个人，其实是过去的自己。

我一直是个很懒的人，所以我不喜欢遇到事情花很多时间和精力逃避，然后这件事情绕很大一个圈子重新回到我身边，对我加倍打击。我相信：最好的偷懒是把事情一次做好。

而那个一次做好的诀窍/根源/钥匙，我叫它副课题。

什么是主课题？

你爱别人，别人就一定会爱你吗？不一定吧？你爱别人，只会让别人更爱他/她自己。爱这个东西很像阳光，你集中在哪里，哪里就会有更多爱，爱自己，别人才会爱你。

而为了达到真正爱自己的目的，我们要从身份入手，全方位地让所有人爱自己。当你发自内心的认可自己是个“好子女”的时候，以父母为核心，所有的领导、长辈、学长、前辈等都会喜欢你；当你发自内心地认可自己是个“好爱人”的时候，以爱人为核心，所有的朋友、同事、邻居、同学等都会喜欢你。当你发自内心地认可自己是个“好父母”的时候，以子女为核心，所有的下属、学弟学妹、晚辈等都会喜欢你。所以主课题是以“身份”的角度来加强认知的，分别叫做好父母、好子女和好爱人。

好父母：针对晚辈的主课题，包括子女、下属、弟弟妹妹、学弟学妹、晚辈等任何形式的晚辈。当你认可自己是个“好父母”的身份之后，会更加主动且自信地跟晚辈的这些人沟通，进而跟所有晚辈的关系都会得到改善。

好子女：针对长辈的主课题，包括父母、岳父母、祖父母、领导、前辈、上级、学长等任何形式的长辈/前辈，当你认可自己是个“好子女”的身份后，会更加主动且自信地跟长辈的这些人沟通，进而跟所有长辈的关系都会得到改善。

好爱人：针对平辈的主课题，包括爱人、朋友、同事、邻居、同学等任何形式的同辈，当你认可自己是个“好爱人”的身份后，会更加主动且自信地跟同辈的这些人沟通，进而跟所有同辈的关系都会得到改善。

主课题同一时间可以最多有三个同时进修，取决于自己的需求，通常只需要同一时间修一个，但变换的频率比副课题高得多。换句话说，副课题健康、魅力、知识、本领是为了让自己更自信地跟长辈、平辈、晚辈沟通。

而得到长辈、平辈、晚辈的认可和爱之后，自己也会更加爱自己和自信。图 3—1 是自我信念提升体系。

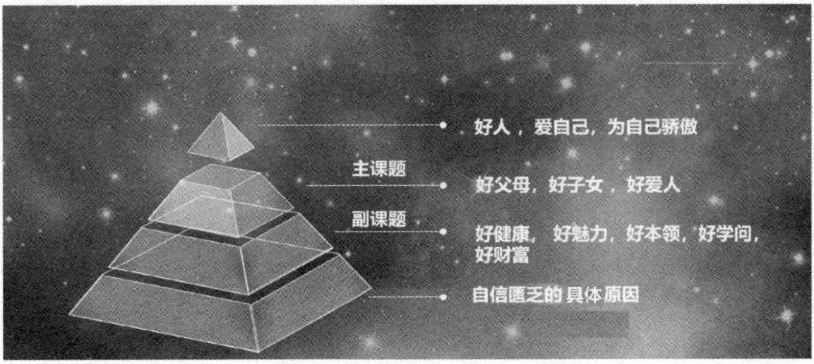

图 3—1　自我信念提升体系

自我信念提升以副课题为契机，通过沟通，影响主课题。通过前文提到的爱自己原理，当爱自己作为长辈的身份、作为晚辈的身份和作为平辈的身份之后，自然会吸引到长辈、平辈和晚辈的爱。

当大家都爱自己时，当自己满意自己三方面身份时，爱自己和为自己骄傲就会达成，人会因此变得真正自信，世界也会变得焕然一新，这就是“自我信念提升”。

那怎么样找到自己的主副课题呢？

如何找到自己的主课题和副课题？

我们先来看副课题自查流程(见图 3—2)。

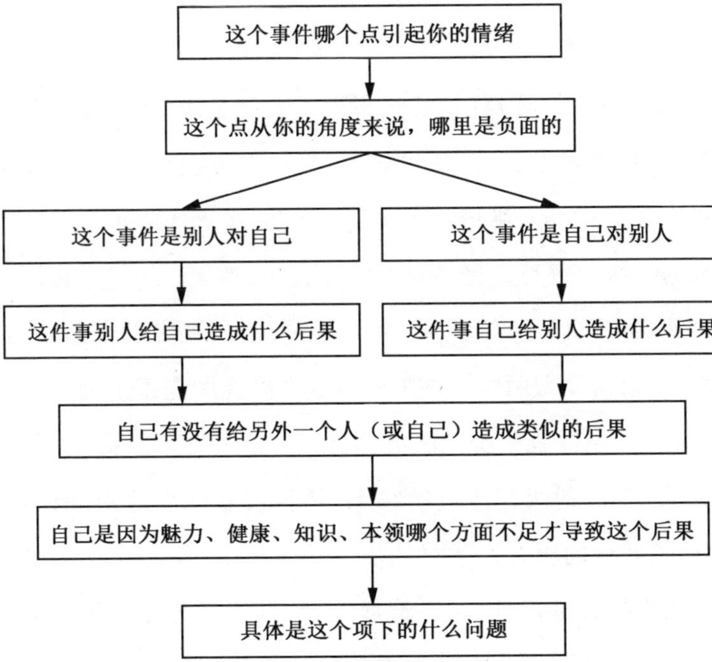

图 3—2　副课题自查流程

注：1. 常见健康类课题（包括但不限于）：眼耳鼻舌、五脏、皮肤、血管、年轻程度、肌肉、四肢、躯干等；

2. 常见魅力类课题（包括但不限于）：眼耳鼻舌、美容、美妆、服饰搭配、发型、声线、身材、谈吐、肢体语言等；

3. 常见知识类课题（包括但不限于）：学问、才华、学历、文字的积累（包括母语和外语）、世界观等；

4. 常见财富类课题（包括但不限于）：赚钱能力（用本领换钱的能力）、理财能力（用钱赚钱的能力）、守财能力（防止财富不流失的能力）、花钱能力（大手大脚或者过于吝啬等）、爱财能力（认为拥有财富可耻等）等；

5. 常见本领类课题（包括但不限于）：记忆力、逻辑分析能力、表达能力、组织能力、时间安排能力、管理能力、敞开心扉的能力、专业能力、学习能力、奖惩能力、倾听能力、对身体的控制能力、应用能力、接受/理解别人世界观的能力、做正确的选择能力等。

自此你应该已经得到了一个副课题，但人很难真正面对自己的内心，所以需要做两个测试来确认这个副课题是否正确。

测试1　副课题是否无法再拆分？

测试2　该副课题造成的结果，是否或多或少地影响你在面对“对应该辈分的所有人”的自信？

无法再拆分是指：比如说管理能力，具体哪方面的管理能力？时间管理还是团队管理？又比如说认为自己年纪大，具体哪方面身体机能导致自己认为年纪大？是皮肤有皱纹还是手脚不灵活？要尽可能推导到最后，要做到无法再拆分。

对应该辈分的所有人是指：副课题所导致的问题必定会导致你或多或少地在某一辈人面前不自信，请问是同辈、长辈还是晚辈？

所谓对应该辈分的所有人，是指与那一辈所有人的沟通都或多或少地被这个影响。比如说副课题是觉得自己学历不高，那么必有一辈的所有人的沟通都受这个课题影响。如果是长辈，则在包括领导、学长、父母、祖父母等所有长辈面前，自己都会尝试掩饰/逃避/绕开/嫉妒/打压学历类话题。可能对部分同辈或晚辈也是，但必有某一辈全部的人或多或少地受到影响。

如果两个测试的答案都是“是”，那么这就是你的副课题。而副课题所影响的所有人的那一辈，就是你的主课题。是长辈主课题就是好子女，是同辈就是好爱人，是晚辈就是好父母。

而这仅仅是通过一个事件找到的，你应该找至少三个以上事件作为印证，找得越多你越会发现，生命中的许多困难都卡在同一个副课题上。而生命中一切的困难核心，都是为了某个主课题服务的。光看方程式和解释是很难理解的，我们找个人来代入解析试试。为了不暴露别人的隐私，东叔只能解析自己，希望大家通过拆解东叔的人生故事学会如何进行自我信念提升。

案例 1

16 学分事件

20 多年前我还是个留学生，在美国读大学。当时的我正在热恋中，可因为种种原因，女友选择回国发展。

当时我年轻又任性，觉得崩溃了。我闭门不出，两周没有去学校，心想大不了考试不及格，回头重修就好。可没有多久，我收到了学校的退学通知书。

出国留学是整个家庭的巨大付出，学业未成却被遣送回国是“无颜见江东父老”的事情。于是，我也没空伤心了，心急火燎地拿着通知书赶去学校，想弄清楚到底是怎么回事。

到了学校，系主任跟我说：“我们学校有一条校规，累积不及格的学分达到 16 学分后就会被开除。”原来我翘课的两周正好是学期末，错过期末考试成绩自然不会及格。而我那个学期正好不及格达 16 个学分，于是自动被系统检测出来，随后收到了退学的通知书。

我当时拿的是学生签证，这个签证是挂靠在我的学校的，一旦开除学籍，我会连转校的机会都没有。父母前期投入的大量资金，自己寒窗苦读投入的大量时间，全部会毁于一旦。当时的我，陷入巨大的情绪中。

我们按照图 3—2 来分析一下。

这个事件哪个点引起你的情绪

（这部分必须扪心自问，感受一下自己真正的情绪点在哪里即可）我当时真正的情绪点是“无颜见江东父老”。

这个点从你的角度来说，哪里是负面的

对我个人而言，这件事情会让父母伤心失望。

这个事件是自己对别人

这件事自己给别人造成什么后果

会让他们期待落空，会让他们失望。

自己有没有给另外一个人（或自己）造成类似的后果

（这部分只需要看最先跳上心头的事件就行，大多数时候该事件是符合主课题的，但如果3次没有符合主课题，你就要思考换课题了）这时，首先跳上心头的，是我高中时代不好好读书，总让父母失望，父母也是因此而选择送我出国的。

自己是因为魅力、健康、知识、财富、本领哪个方面不足才导致这样

（这部分先问自己是5个选项中的哪一项，然后再思考具体是哪方面不足）我一直读书不好，不是魅力原因，不是健康原因，也不是知识原因，所以只能是本领，具体本领下面一个个对照后，我发现是学习能力问题。

紧接着是测试测试1:是否无法再拆分?学习能力可以再拆分的(这部分深挖自己到底是哪部分的学习能力不足)。在一一对应之后,得出的结论是时间管理。因为就我个人而言,大多数事情都有应该去完成的时间,但按时去做对我而言一直是个挑战。

测试2:该副课题造成的结果,是否让自己对某一辈的所有人的自信都受到影响?首先该副课题(学习能力)造成的结果就是学习成绩不好。自我分析之后,我发现学习成绩不好这一点,会或多或少地影响自己在所有长辈面前的自信。我不介意跟其他同辈讨论自己的成绩,在晚辈面前也不是一定会介意,但对长辈,我会尽量避开成绩类的话题,在这方面也会有些没底气。

按照这样的推论,我的副课题是本领项目下面的时间管理,影响的是我的学习成绩,而主课题是好子女。

当时的我面临一个相当大的危机,如果我当时意识到自己的课题是学习能力,针对性增加这方面的自信,并提高成绩,则当时的情况就有很大机会反转。但那时候我还不懂自我信念提升,只能自己靠运气去撞。之后的故事是这样的。

当时系主任用为难的表情表示校规规定16个学分不及格开除。我没有接受这个说辞,事实上我也无路可退,我上前一步,说:请把校规给我看看。

那天我们一起研究校规,发现确实有这么一条,那一条的内容如下:“在下学期开学前如果累积16个学分不及格,予以退学。”我对系主任说：“这里写着‘下学期开学前’，现在是暑假，我只要暑假期间将不及格的学分的功课全部修回来就行了。”

系主任摇摇头，说：“这几乎不可能。我们学校重修采取的是平均制，你拿了 16 个学分的 F，就要在暑假拿 16 个学分的 A，这样才能平均成 16 个学分的 C。暑假班课程是高度压缩的，平均 1 小时的课堂内容，需要做 3 小时的回家作业，在一个多月内拿 16 个学分，相当于每天从早上 8 点上课上到晚上 10 点，即使你不睡觉也来不及把作业做完，更何况全部拿 A 了。我任教几十年，本校四万多人，平均每学期开除两千人，从未有人可以回来的。”我说：“我可以的，我们中国人很厉害的，让我试试。”

我依然记得那个暑假的情形。我先是找律师延长自己的签证，然后合理安排时间，精确到分。每个步骤都做成列表，计划并严格执行。我像部机器一样不停地运转。最后，我达成了当时系主任的条件，也保住了我的学籍。出于某种类似奇迹一样的状态，我，达成了某种程度上的不可能。

现在回过头来看，我发现我无意中苦修了“时间管理”，踏踏实实地行动，且提高了成绩。

副课题提升之后人生就会大幅度变化。那之后，我非但再也不是一个读书不好的人，反而变成以读书为荣的读书人了。我先是做了学校中国学生会会长，毕业后又拿了多项证书和执照，最终我走到今天以教书为生，都源自那个暑假的转变。本来我的人生一度会走向另外一个方向，但我通过改变自己，扭转了自己的命运。

通过自我信念提升，每个人都可以找到自己的扭转的关键点，成为更好的自己。

案例2

某银行工作三年

留美八年，回国后我先是在某外资银行工作，之后又去了某国有银行工作，在国有银行，一做就是三年。我几乎每年业绩都倍增，人际关系也打理得挺好，但职位却一直没有机会再升。在看不到升职机会的前提下，我产生了情绪。

我们按照图3—2来分析一下。

这个事件哪个点引起你的情绪

我当时真正的情绪点是"入职时明明说得很好，自己又每年都在突破，但上升渠道却三年了都没有兑现。"

这个点从你的角度来说，哪里是负面的

对我个人而言，不兑现就是最大的情绪点。

这个事件是别人对自己

这件事别人给自己造成什么后果

我觉得自己的付出和努力被辜负，觉得失望。

自己有没有给另外一个人(或自己)造成类似的后果

首先跳上心头的，是自己也一直让父母期待，父母也一直努力对我付出，我却总辜负他们，让他们失望。

自己是因为魅力、健康、知识、财富、本领哪个不足才导致这样

（这部分先问自己是5个中的哪一个，然后再思考具体是哪方面不足）一直以来让他们失望的，不是魅力，不是健康，也不是知识，所以依然是本领（副课题其实很少换，但副课题下面的子课题，则会随着功课的加深而产生变化）。具体本领下面一个个对照后发现，是自我管理问题，只不过之前学校里是没有管理好自己的时间，导致学习成绩不好，到了职场，变成没有管理分配好时间去学习业务，导致银行专业知识不熟悉。其实也还是老问题，只是之前提高的自信全都加在了学习上，如今的自信在专业领域就不够用了，但根源是一样的。

紧接着是测试。测试1：是否无法再拆分？自我管理能力可以再拆分的（这部分深挖自己到底是哪部分的自我管理能力不足）。在对应之后，得出的结论依然是时间管理。

因为就我个人而言，学习业务知识、掌握金融本领是本来就应该去做的事情，然而因为兴趣不大所以一直回避，导致自己完全没有安排任何时间去学习。

测试2：副课题造成的结果，是否会让自己对某一辈的所有人的自信都受到影响？自我分析之后，我发现，无法管理好自己的时间这点，会或多或少地影响自己在所有长辈面前的自信，不管是父母、领导、前辈，还是其他形式的长辈，我都会尝试避开我专业能力不足、金融知识不足等话题，也会对这方面的

内容没有底气。

按照这样的推论，我的副课题是本领项目下面的时间管理，导致业绩不熟，而我的主课题是好子女。

当时的我其实已经在该银行有不少的累积，如果我当时意识到自己的课题是时间管理，针对性增加这方面的自信，专注地去提升业绩，我就会把“好子女”的功课修得更好，变成领导眼中的好员工，而当时的情况就有很大机会反转，顺利进入升职通道。但那时候我还不懂自我信念提升，我只能自己靠运气去撞。之后的故事是这样的。

16 学分事件我运气好撞中了，而且当时背水一战（其实我也别无选择）。这一次并不是山穷水尽，我如果真正去面对，其实是可以提升和改变的，只要我踏踏实实地增加丰富自己的专业知识，我的自信就会提高，而当我更加自信、更加爱自己以后，别人就会更加认可我。只是很多时候，人不太有勇气面对自己的内心，更多时候会找借口来逃避。而人一旦开始找借口，就会完全看不到自己真正的信心短板。

当时的我看着升职无望，并没有花大力气去研究为什么自己没有升职，而是四处投简历，直接跳槽去了另外一家银行。面试时谈得很好，入职后半年，我升为副总经理。

在当时看来，这是一招妙招，我没有付出任何东西，却拿到了我想要的职位。但现在回头用“自我信念提升”一看，我发现，人生中尝试逃避的课题，都会用更痛的方式回到自己生命里。

之所以选择新银行，是因为其实我知道自己专业知识不好，但又不想面对，于是直接跳槽到管理层。我以为在管理层就不需要懂专业知识了，可以让手下的员工直接跟客户谈产品，做金融分析。我既没有面对自己的“时间管理”的课题，也没分配任何时间到金融知识的提升上。我的银行工作中再也不需要懂金融知识，工资还翻了3倍，我以为这是个很好的决策。可是没多久，出现了新的课题。

案例 3

新银行遭遇小人

入职后没多久我就体会到之前从未感觉到的压力，这压力并非来自业绩，而是来自从来没有出现过的复杂的人事关系。一个团队应该是上下一心，一起为业绩努力的。但实际上并非如此。某个年长的下属作为团队负责人，处处与我作对。他拉帮结派、背后捅刀、尖酸刻薄，还经常去行长面前告我的状，颠倒黑白。

我试着去包容、去沟通、去理解、去付出，非但没用，反而还让他变本加厉。于是，我长时间陷入情绪中。

我们按照图 3—2 来分析一下。

这个事件哪个点引起你的情绪

我当时真正的情绪点是："我又没惹你，你为什么要这样对我？"

这个点从你的角度来说，哪里是负面的

对我个人而言，是每天不间断的言语讽刺和每天需要提防背后捅刀。

这个事件是别人对自己

这件事别人给自己造成什么后果

他的行为导致我觉得很不开心，很讨厌这个职场环境。

自己有没有给别外一个人(或自己)造成类似的后果

我一度卡在这里很久，我从未不间断地从言语上攻击别人，让别人很不开心。既然天下的一切都可以当作镜子来看，那为什么这个人会如此攻击我？直到有一天我意识到：自己也是人。我确实没有攻击过别人，但我一直在内心攻击自己。我不觉得自己是个好的银行职员，业务不熟，管理也不懂，纯粹靠留学经验和心善来行事做人，但自己又真的不喜欢金融，所以在一直强逼自己。

自己是因为魅力、健康、知识、财富、本领哪个不足才导致这样

(这部分先问自己是5个选项中的哪一个，然后再思考具体是哪方面不足)一直以来让他们失望，不是魅力，不是健康，也不是知识，所以依然是本领(再次重复，副课题其实很少换，但副课题下面的子课题，则会随着功课的加深而产生变化)。具体本领下面一个个对照后发现，还是时间管理产生的专业度不足的问题，只不过之前学校里成绩不好，上家银行作为银行从业人员专业度不足，如今是没有管理好别人，也就是管理人员专业度不足。但根源是一样的，都是没有分配时间去提升自己专业度导致的。

紧接着是测试。测试1:是否无法再拆分?管理能力可以再拆分的(这部分深挖自己到底是哪部分的管理能力不足)。在对应之后,得出的结论依然是时间管理。

因为就我个人而言,学习管理人的知识,掌握如何带团队是本来就应该去做的事情,然而因为时间管理能力不足加上兴趣不大,所以一直回避,导致自己完全没有安排任何时间去学习。

测试2:副课题造成的结果,是否会让自己对某一辈的所有人的自信都受到影响?自我分析之后,我发现,无法管理好自己的时间这点,会或多或少地影响自己在所有晚辈面前的自信,不管是下属、后辈、学弟学妹,还是其他形式的晚辈,我都会尝试避开我不擅长管理人、管人手段不足等话题,也会对这方面的内容没有底气。按照这样的推论,我的副课题是本领项目下面的时间管理,导致管理技巧不熟,而我的主课题变成了好父母。

注意,主课题变了,随着自己信念的提升,主课题是会发生变化的。副课题下面的分支也经常会变化,但其实每次变化都会导致生活的变化,所以变化代表更进步的人生和更多的挑战。

另外,你可能会发现:我之前逃避的课题又绕回来了!我为了逃避不用去学习专业知识,跳槽去了别的银行,但升职后做领导是需要领导应该掌握的专业知识的,"如何管理人"就是领导应该掌握的专业知识。我因为一直不分配时间去学习这些专业知识，导致每天都活在非常大的情绪中，且当时的我觉得非常的莫名和很受伤害。这就是人生学校论里提到的“考不过的课题会换种题型，以更痛的方式回到你的生命里。”

那之后，我选择了离职。如果我当时懂得自我信念提升，在银行里的我会通过自我信念提升建立管理者的正向心态，通过学习也许一切都可以逆转。但那时候的我没有，只能自己扛。

其实我只要管理好自己的时间，默默提升自己的专业知识就可以让自己变得更好——而离职后的我，运气不错，恰好做到了这些。

从那家银行离职后，我一直在想自己真正想做什么，我发现我真的很喜欢教书。于是我把离职后大部分的时间用来读书(巧合的是，我恰恰是完成了这一步：安排好了自己的时间，并且用到了专业上)，然后我从酒吧开始免费教书。短短几年，上海交通大学海外教育学院和继续教育学院、数十家500强企业、金融界的龙头银行都邀请我去讲课。当我踏踏实实地把自己的副课题(时间管理)中大部分的时间，放在我之前一直逃避的专业领域后，我的生活反转了。我变成了东叔，我变成了更好版本的自己。

如今的我收入是在银行工作的3倍以上，工作是预约制，不坐班。我有自己的公司，有自己的团队，每天工作都是享受。讲台上的我，非常爱自己。

以上三个案例告诉我们，每个人都可以找到自己的扭转关键点。通过我之前讲述的自我信念提升方法，可以在任何时刻改变、扭转、提升自己，达成更幸福版本的自己。

那么接下来，你也找三件让自己不开心的事情，像我一样分析，你也可以找到你人生的主课题和副课题。

当你第一次找到自己的副课题时一定会感叹，原来自己在同一个副课题上卡了那么久，然而感叹后你也会疑惑：很多人都知道自己需要提升，但为什么信念就是建立不起来呢？接下来，我们来讨论一下建立信念有哪些难点。

建立信念的操作难点

爱自己，则天下人爱你；信自己，则天下人信你。自信了，爱自己了，幸福自然达成。

换句话说，只要建立起幸福的信念，便可自然地把自己推向幸福。既然道理这么简单，为什么这么久没有人做呢？因为建立幸福的信念很难。

我们列举一下建立信念途中会遇到的困难：

(1)建立的信念很难直达内心。建立信念，需要把信念深扎入内心，而不是停留在意识的表面。说得通俗一点就是，自己碎碎念是无法植入信念的，因为那只是在大脑的层面，只有进入了“心”的层面，信念才算植入。

关于内心，各个流派有自己的叫法，如本心、本我等。但有一点是统一的，就是想要建立的信念必须直达内心。

各大流派关于如何跟内心沟通，也有着自己的方法，最普遍的方法是冥想。

但冥想类的沟通方式有自己的局限，首先为了达到沟通的目的，需要长期修炼定心的功夫。

其实一个人每天跟内心沟通的最好的时间有两个：一个是起床时，另一个是入睡时。起床时如果能够植入正向信念，则该信念会维持一整天。入睡时如果能够植入正向信念，则该信念会直达内心，直接影响后一天的行动和心态。

(2)过多负面杂念会导致信念失效。人类的大脑每天会涌现出很多想法，这些想法一个接着一个，很难被打断，这类东西我们通常叫杂念。大多数人的负面想法会多于正面想法，而一旦负面想法开始重复，那么好不容易达到内心的信念，就会在还没建立前被摧毁。

举个例子。有一天，一个女生晚上通过公众号来向我求助，说自己老公没有回家。大约晚上 7 点的时候，她的想法是老公可能加班了。8 点左右，她的想法变成了老公可能出轨了。9 点多她已经开始搜集证据，找蛛丝马迹并且说服自己，他多久前的行动很可疑，是不是在哪里包养了小三。10 点多她已经在想象中锁定了某个人，并认定此人就是小三，开始暴跳如雷了。11 点，老公推门进来，说："亲爱的，今天运气不错，老板让我加班，我终于可以买你喜欢的那条裙子送你了。"

负面信念的叠加是摧毁正面信念的主因之一，这就好像你好不容易说服内心接受自己可以拥有很好的财富，立刻大脑中就跳出十多条反驳的理由。然后自己就被"说服"，信念也就放弃了。这也是为什么很多流派都提倡静心，因为那样可以减少负面信念的产生。

(3)植入时须保持正向和富足的状态。信念建立时，状态必须是正向和富足的。举个例子，穷人和富人，每天都在想钱，为什么穷人越来越穷，富人越来越富？每天想着钱的穷人，为什么没有累积信念，然后让自己财富不断增加呢？

关键在于累积信念时自己的状态。穷人想钱的时候，想的是月底的账单、孩子的学费、每月的开支、房贷的压力，是各种负面的情绪和匮乏的状态。而当负面的情绪和匮乏的状态日复一日地累积，他就会越来越相信自己是财富匮乏的，自己想到钱就不开心。

而富人想到钱的时候，是富足、是资源、是机会、是乐趣、是享受。当这些正面的情绪和富足的状态日复一日地累积，他就会越来越相信自己是财富富足的，自己想到钱就开心。

所以穷人一直穷着，富人却越来越富。

(4)植入的内容需要反复重复。即便是个多年苦修的大师，也依然会坚持早课晚课，打坐念经，为的是力求精进。任何一门技术，都需要反复打磨，信念作为一切的根本，自然也不例外。

正所谓拳不离手、曲不离口。哪怕是个根深蒂固的信念，不练习，也会退步。举个例子，很多年前东叔在美国留学时遇到一些伙伴，其中有人是体育比赛金牌得主，技术移民到美国的。可是到了美国后，他却没有继续追求体育，而是开始做销售。一次闲聊中，我问他，为什么不去做自己真正擅长的东西？他回答：已经三十出头了，体力下降了，不如当年了。我说你参加的这个运动又不是需要很多体力消耗的项目，更多的是需要爆发力，哪怕去做个教练也好啊？他当时的回答是："自从放下练习以后，那种爆发力的感觉就没有了，除非自己愿意重新天天投入大量时间和金钱去练习，否则就回不到那个高度了。”

就是那一天我明白了这个道理：疏于练习，哪怕是投入前半生所有时间的金牌得主，也会退步到无法再重操旧业的地步。

提升自信的六大阶段

前几个章节讲到的，只是自我信念提升的第一个阶段，而自我信念提升一共有六个阶段。

六个阶段指的是自我信念提升后自己生活的六次突破，每个阶段都会有针对性地提供不同的方法，每个阶段也会让自己生命升华到不同的高度。我们来看一下不同阶段会达到什么样的状态。

第一阶段：精神好，睡得好，平日心情好，并且会有一些小确幸的状态出现。一旦意识到自己比平常"幸运"或者比平常"开心"程度明显增加，那么就可以进入下一阶段。很多轻度的心理问题会在这个阶段直接被治愈，大多数较深的心理问题也会在这个阶段得到明显的改善。

第二阶段：会确立一个人生目标，比如说结婚，或者升职，或者孩子听话功课好之类的。然后这方面收获的机会会大幅度增加。一旦发现愿望成真的机会开始不断涌现，就可以进入下一阶段。

第三阶段：第二阶段建立的目标会在这一阶段进入收获季，基本上这一阶段是收获的时期，把成果纳入口袋。

第四阶段：前三个阶段会解决一些人生愿望，让自己在生活中和家庭中富足与美满，让自己和家人的关系变得融洽与开心。下了班就会想回家，因为真的有个充满爱的家。从第四个阶段开始，在维护家中的爱的同时，重心开始转向事业和职场，因为当上班 8 小时外心情愉悦充满爱时，下个目标就是上班 8 小时内也心情愉悦充满爱。这个阶段你会开始更有希望、更有动力、更开心和更上进。

第五阶段：第五阶段天赋会开始开花结果，美术家会投身美术，舞蹈家会醉心于舞蹈，作家会享受创作，美食家会品遍佳肴。而更令人激动的部分是，自己的行为被大家所接受，直接表现的形式为自己醉心的部分被大家用回报来认可。

在第五阶段，人会沐浴在职场内的自豪中和职场外的被爱中。会每天上班时都兴奋和期待，每天下班时都轻松和满足。

第六阶段：第六阶段天赋已经占用了绝大多数职场的时间，也逐步变成生活中的主要收入。大多数时间可以抛开一切投入到自己真正喜欢的事物中去。每个人必有一项自己真正醉心投入，可以心心念念沉浸其中、乐在其中的东西，旅行家、美食家、作家、园艺师、咖啡店老板、厨师、教师、电竞专家，等等，每个人不一样，但每个人都必有一个掏心掏肺喜欢的方向。

这六大阶段循序渐进、层层叠加，每一步都从自信的建立开始逐步修正自己的人生，每个阶段都会有收获，每个阶段人生也都会改变。自我信念提升看似前三个阶段追求物质，后三个阶段追求精神，其实不是这样。信念就像光一样，分则散，集则强。如何集中信念？爱是一切的黏合剂，爱自己，为自己骄傲，则别人爱你。为自己所有的身份骄傲，则从所有人身上得到爱。而把你和其他人黏合在一起之后，你们的爱自然集中起来，爱自然越来越强。

什么是分散信念？攻击别人，伤害别人，以付出爱的方式去索取爱，这些都会损耗你的信念，真正的付出是自身满溢以后的分享，不是掏空自己去帮别人锦上添花，那样的付出，其实是一种以"损己"为代价的付出。

是爱和信念，集中了能量。我们在之前举了大量的例子：当你爱自己的健康，则吸引到健康的能量，你会更健康；你爱自己魅力，则吸引到魅力能量，你会更有魅力；你爱自己本领，则吸引到本领能量，你会更有本领；你爱自己学问，则吸引到学问的能量，你会更有学问；你爱自己财富，则吸引到财富的能量，你会更富足。而当你追求健康、魅力、本领、财富、学问的过程中，你会发现自己越来越自信，越来越爱自己。

而一个充满健康、魅力、本领、财富、学问的你，会更有自信跟父母沟通，做个好子女；会更有自信跟子女沟通，做个好父母；会更有自信跟爱人沟通，做个好爱人。

而当你认可自己是好父母、好子女和好爱人之后，你会方方面面都认可自己是个好人。而这个好人真正做到了爱自己，为自己骄傲和自豪。

而当你作为一个真正爱自己，为自己骄傲和自豪的存在之后，别人会这样形容你：你这个人充满了灵性，你的磁场很棒，你脸上仿佛荡漾着不同的光彩,你看起来神采飞扬。

而你会进入一个淡淡的,但持久的幸福的状态,走路会哼出歌来,你会每天都充满希望。

幸福篇

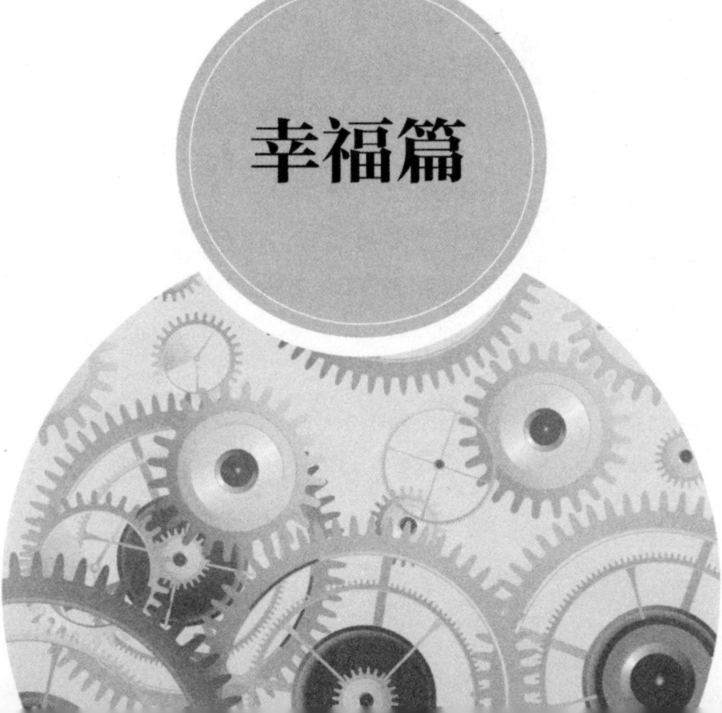

幸福的要素

每个人心中，对幸福都有自己的定义，你心目中幸福的目标是什么样的？

让我们先玩一个游戏：你来到一个城市，孤身一人，没有朋友，为了尽快站稳脚跟，也为了可以更好地在这个城市有所发展，你需要结交一些朋友。请问：什么样的人，你会选择跟他交朋友？什么样的人，你会躲开他，不与他交朋友呢？

值得交友的要素，通常包括但不限于：靠谱、认真、幽默、熟悉环境、有经验、大方、细心，等等，偶尔也会希望自己交到有钱或者颜值高的朋友，但不会占主要比例。

会躲开的朋友呢？通常包括但不限于：不靠谱、不认真、死板、没经验、小气、猥琐、马虎，等等。同意吗？

游戏继续：如今，你在这个城市已经居住了一段时间，有了一定的财富积累，你深知“你不理财，财不理你”的道理，所以打算做一笔投资，金额不大，相当于你手上可支配财产的10%。请问：什么样的人，你愿意投资10%给他？什么样的人，你宁愿损失10%也要跟他终止合作关系？

通常值得投资10%的人，包括但不限于：有较长的从业经验、为人正直、专业技术高超、聪明、踏实、愿意分享、善良、细心等一系列的特质。这一次几乎不会有人想要选择美貌和财富，毕竟这跟投资没什么关系。

而宁愿损失10%也要中止合作关系的，常见的想法包括：自私、经验不足、能力不足、小气、不择手段、粗心、不专业等。同意吗？

游戏继续：商场沉浮，一切都在不断地变化，经年累月的经营让你累积了一些资本，但市场变化得更快。眼下，你面临着一个重大的抉择：你要么跟另外一家公司合并，要么看着自己多年的经营被市场大潮所淹没。而合并不是一个简单的决定，因为你会全部投入，尽管对方也承诺投入，但对方投入多少其实你并不知道。一旦看错了人，选择了不好的公司，你就要一切从头开始。那么，什么样的人，你会投100%？什么样的人，你宁愿损失50%也要跟他撇清合作关系、分道扬镳？

这一次决策相当重要，影响也非常大，决策会更难，所以我们会更加关注核心要素。你会投100%的人，很多人会选择具备以下条件的人：绝对的信任、过往投资历史好、有长年的合作关系、人品无可挑剔等。这个阶段不可能有人选择颜值或者财富，因为那样纯粹是搞笑。而宁愿损失50%，也要分道扬镳的，很多人会选择具有以下特征的人：人品不好、价值观不符等。

让我们一起来回顾一下这个故事：你来到了一个陌生的城市，你需要交朋友。在现实生活中，你进入一家新公司后，好比来到了一个新城市一样，你没有朋友，需要交朋友，所以这第一个故事，映射的是“同事的关系”。

换句话说，我们看到的是从同事的角度，他们愿意跟什么样的人结交，他们又会躲开什么样的人。稍微回顾一下之前内容你会发现，大多数人会选择正直、善良、幽默等特征，而财富、颜值和背景也许存在，但不会是交友的重要因素。而选择避开不交友的因素也一样，大多数人会避开小人、斤斤计较的人，但不太会因为你没钱就不跟你交朋友。而正直、善良、幽默等特征，是后天的，跟先天无关，是自己努力就可以得到的。而小人、斤斤计较之人也是后天的，是自己努力就可以避免的

让我们继续看下去。你赚了一点钱，打算把手上的现金投资10%出去，什么人你会愿意投10%？什么人你宁愿损失10%也要跟他终止合作关系？

在这里映射的是老板跟你的关系。中国大多数企业都是“中小企业”，所谓中小企业，从银行体系的划分来看，是指年营业额1000万～1500万元的企业。而这样的企业，银行里除去周转的资金外，可支配的资金通常不会超过100万元。一个刚毕业的大学生，平均月薪是5000元，但从企业的角度，实际付出是7500元左右。每个月7500元，一年就是90000元，加上过年红包（通常是一个月的工资）、寒暑津贴，差不多就是10万元。而10万元，正好是100万元的10%。

那为什么说“宁愿损失10%也要跟你终止合作关系呢？”那是因为开除一个人通常要赔3个月薪水，招人需要3个月时间才能

正式上岗，培训又需要3个月，然后还需要一段时间这个人才会产生效益，所以实际的损失也是一年的薪水，也差不多是100万元的10%。

换句话说，你的老板为什么要投资你10%，又为什么要炒掉你，翻回去看一眼你会发现，老板会因为你一系列正直的品质，如“专业、诚实、愿意分享”等要素而选择你，老板不会因为“颜值、背景、财富”而选择你，因为需要看到的是实在的回报。你会再一次发现，这一切都是后天通过努力可以得到通过后天努力可以避免的，这一切都几乎与先天无关。

而与同事的相处，加上老板对你的看法，基本决定了你职场事业的走向。而事业好不好又是直接影响你的幸福指数，可以说你幸福的一部分是由事业支撑起来的，而这部分的幸福，到底好不好，基本上是后天决定的，是自己通过努力可以改变的，是与先天无关的。

让我们继续看下去：商场沉浮，你要投资100%。这个世界上，除了事业以外，比事业更重要的，请问是什么？

当然是婚姻与家庭。

你当然可以选择不结婚，但那样你就会被社会的“大潮所淹没”。而结婚的话，又将是个非常慎重的选择，因为双方都有承诺，但其实你并不知道对方投入了多少，你只知道，你要投入你的全部。一旦投入失败，你只能把投入的感情归零，一切从头开始。婚姻有成功自然也有失败，感情无法用财富来衡量，但至少从法律的角度来说，你的财产会被切割一半，所以说是“宁愿损失50%也要跟你撇清合作关系”。那在什么样的情况下,别人愿意跟你携手共度余生? 又在什么样的情况下,别人要离开你呢?

答案翻回去就可以看到,即使你不看也会确定,这一次的答案里,有的只可能是人类最深层、最朴素的特质,如善良、信赖,等等。而不可能是颜值、财富,等等。因为别人最多会因为你的美貌跟你约会,不会只看你的美貌就决定跟你共度余生。选择你一起共度余生的是那些真正平凡但又可贵的品质,而这些品质,它也是后天的。

你会亲眼看到,成就一段婚姻,或者失去一般婚姻,真正的要素都必然是后天的,跟先天无关,都是自己通过努力就可以得到、用心就可以避免的。

任何人的幸福,都绕不开事业、婚姻与家庭这三个方面。上面的故事和游戏告诉我们:幸福不是靠金钱、颜值和关系获得的。一个人是否幸福,与他的财富、美貌、背景无关。

我们现在弄清楚了幸福的主要要素不是财富、不是美貌、不是背景关系。那么,幸福究竟是什么呢?

幸福是什么?

有一辆马车,一共有六匹马,每一匹马都想往自己的方向走,是车夫在控制马车。所以,车夫给马套上眼罩,用皮鞭来驱赶,走向车夫想要去的地方。

有一个母亲,她有六个孩子,有的孩子想要糖果,有的孩子想要玩具,是母亲决定给孩子糖果还是玩具,是母亲决定什么才是对孩子最好的。

有一个皇帝,他有六个大臣,这是一个小国的皇帝,所以他只有六个大臣,不能随意砍掉一个。有一天,其中一个大臣来上朝,他很简单直白地说:"皇上,我要钱。"

皇帝当然不可能那么好说话,你说给钱就给钱啊。皇帝说:"不给。"大臣使出了一招——死缠烂打,说:"我要钱,我要钱,我要钱,我要钱,我要钱,我要钱……"就这么碎碎念了一上午。皇帝不胜其烦,眼看就要被他逼疯了,但想想又不能砍了他,只好叹口气,说:"好吧,给你钱。"大臣喜形于色,说:"谢皇上。"然后他拿着钱就走了。这时候,大殿上一直回荡的"要钱咒"终于停止了,这安静的状态,这清静的状态,让皇帝一直吊着的心放了下来。那一刻,皇帝是放松的。

然后，第二天，那个大臣又来了，说："皇上，我要更多的钱。"

每个人都是一个车夫，都是一个母亲，都是一个皇帝；每个人都有六匹马，六个孩子，六个大臣。这六匹马，六个孩子，六个大臣的名字，分别叫眼睛、耳朵、鼻子、舌头、身体、意识。你要明白，你的眼睛、耳朵、鼻子、舌头、身体、意识是你的工具，是你的助手，但他们不是你。

想象一下，你是个男生，你在路边看到一个美女，你会很想盯着她看，这就好比你的眼睛，在一直跟你说："我要看美女，我要看美女，我要看美女……"你终于忍不住了，看了一眼。然后没多久，你的眼睛会继续跟你说："我要看更多美女……"

像不像那个大臣？想象一下，你是个女生，你在服装店的橱窗里，看到一件非常漂亮的连衣裙，你把头靠近玻璃窗看了好久，看它的面料，看它的花纹，看它的颜色，看它的牌子。你觉得，只要你穿上这条裙子，你就会像一个公主。于是，你走进了这家店，翻开裙子的价码牌，上面的数字足以让你心惊肉跳。你只能无奈地走出了这家店。然后，那条裙子一直在你脑子里转啊转，你一直期待着、幻想着，你觉得穿上这条裙子一定会让你无比快乐。

于是，一个月后，你咬咬牙，去买下了这条裙子。当你轻轻地拉着裙角，在镜子前面打转的时候，当你陶醉地看着镜子里如公主一般的你的时候，你，幸福吗？很幸福对不对？那么，你会幸福多久呢？

一天？一周？然后你就会看上另外一条更贵、更漂亮的裙子。

这幸福像不像大臣离开后你得到的片刻安宁？而大臣没多久会再回来索取更多的。

是眼睛想要看更多美丽的东西，不是你。眼睛如马一样有自己的冲动，如孩子般淘气，但你要明白，眼睛是辅佐你的大臣，你的眼睛不是你。

是耳朵想要听更多好听的话语，不是你。耳朵也有自己的冲动，也如孩子般淘气，但你要明白，耳朵也是辅佐你的大臣，你的耳朵不是你。

你的鼻子想要闻到更多更有趣的香味，所以你去追求鲜花、香水，但那是你鼻子的愿望，你的鼻子不是你。

你的舌头想要品尝更多更丰富的味道，所以你去追求美食、佳酿、米其林的口感，但那是你舌头的追求，你的舌头不是你。

你的身体想要住得更宽敞，穿得更华丽，行动时更加快捷和舒服，但其实，你的身体也不是你，身体只是辅佐你。

你的思想才是最难以捉摸的东西，你想要听到赞美，得到认可，被夸奖，被依赖，你觉得某个人总是处处跟你作对，你觉得总有人在算计你。但是，科学研究发现，就连大脑也不完全是你。

有一个44岁的法国男子，有一天觉得左脚软弱无力，于是去马赛市地中海大学医院求医。当医生为他做了脑部CT和核磁共振扫描后，惊讶地发现，该男子大脑积水严重，导致大脑几乎不存在。

照理说该男子应该不可能还生存着，但他非但正常生活、沟通，而且还娶妻生子，是两个孩子的爸爸，甚至还是个政府官员。

做了智力测试后，发现他的智商是75，个人发展或社交能力完全没有受到影响。

这就是著名的“无脑人”案例。图4－1由地中海大学医院主治医生莱昂内尔·弗利叶提供的扫描图，左边为该男子的脑部扫描图，右边为正常人的脑部扫描图。

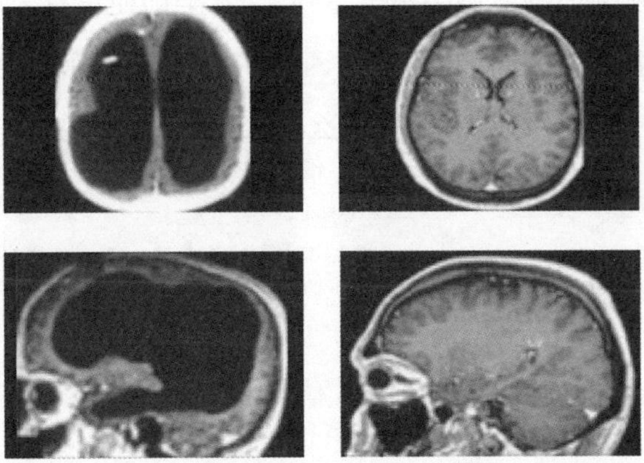

图4—1 “无脑人”脑部扫描与正常人脑部扫描对比

该案例最早由英国的医学权威杂志《柳叶刀》刊登，之后由《现代快报》(2007年7月22日第A9版)转载，腾讯新闻也专门报道过这个案例(https://news.qq.com/a/20070722/001353.htm)。

那么，既然人类没有大脑也能正常沟通、娶妻生子、上班赚钱，那么到底是什么在思考？这方面，科学已经有了推断。牛津大学的教授David Paterson指出，心脏也具备思考能力。

David Peterson指出，人类的心脏有4万个神经元，负责感觉、情感、学习、记忆及喜好，即一个人觉得喜欢或不喜欢的部分。而最终他得出的结论是：“并非大脑指挥心脏，而是心脏不断地与大脑沟通,甚至指挥着大脑,让大脑知道这人内心的喜好。”①

所以,眼睛、耳朵、鼻子、舌头、身体、大脑(意识),都只是自己的工具,自己的大臣,你像爱子女一样爱他们,像依赖大臣一样依赖他们,但你是你,他们是他们。

你没有眼睛,也能活;没有耳朵或鼻子,没有舌头或四肢,你都能存活。从前面的案例中你也看到了,甚至即使没有大脑,人奇迹般地存活着这就证明了,那些东西,不是你,只是你的手下和工具而已。既然那些东西不是你,那么,就不要只为那些东西而活。

① 关于 David Peterson 的研究,大家可以去影视网站搜索一部名为《心脏和大脑谁主沉浮》的纪录片观看。

真幸福，伪幸福

有的人，一生为眼睛而活，一辈子追求美景，从家里，到豪华酒店，到海外沙滩，到一掷千金的消费场所。可是，他却感觉不到幸福。

因为他一直处于一个“期待”的状态，他以为达到目标就能幸福，但当他真的达到后，他只是幸福一小会儿，然后继续“期待”。欲望是无限的，能力却是有限的，从而导致期待的目标越来越遥远，快乐也就越来越少、越来越难。

耳朵追求更美妙的声音，发烧友从百元，到千元，到万元，到十万元、百万元地购置播放设备。这期间难度越来越高，期待的时间越来越长，幸福却依然来一小会儿就走，越来越难以企及。

鼻子的追求从果香，到花香，到名贵香水，到自己的花园；舌头的追求，从三餐，到山珍海味，到五星美食，到米其林餐厅；身体的追求，从穿着的舒适，到出行的便捷，到居住的宽敞，到各种设备的奢华；大脑的追求，从别人的夸奖，到别人的追捧，到别人的羡慕，到追求天底下自己是最强的。

这一切，都是欲望越来越高，难度越来越高，幸福感则相反，越来越远。

这也是为什么有的人说“有钱人的痛苦你不懂”，其实他们不是在炫富，他们的痛苦你是真的不懂，因为你至少还有期待，他们在达到物质满足后连期待也没有了，剩下的就只有空虚的欲望和痛苦。而为眼睛、耳朵、鼻子、舌头、身体、意识（大脑）而活的幸福，我们叫伪幸福，那伪幸福到底是什么呢？

从表面上来看，伪幸福是物质富足的，他可以很有钱，有很好的社会关系，走到哪里都吃得开，但是，达到这个程度不等于快乐幸福，因为表面上的富足，只是为了眼睛、耳朵、鼻子、舌头、身体和意识而服务，幸福感是短暂的。

真幸福跟伪幸福最核心的差别在于：是否能让眼睛、耳朵、鼻子、舌头、身体和意识为自己服务。所以，真幸福的人，可以是富足的，但富足不是必要条件。换句话说，真幸福是：以自我为核心，让眼睛、耳朵、鼻子、舌头、身体和意识为自己服务，不再是努力很久，然后只幸福一小会儿，然后继续努力和期盼。而是做一件事情，可以满足和开心很久。是一种对自己大臣、马匹、子女、工具完全控制后的自由，是那种我想花钱时，我有钱，可以随意花；我不想花钱时，也可以不花钱。我可以锦衣玉食，我也可以粗茶淡饭，我可以轻松地得到尊严和荣耀，我也可以独处隐居得享清静。相比伪幸福而言，我不再是紧紧抓住然后追求更多，而是拿得起，也放得下。

有财富，赚钱很容易，没有钱，简单生活也没什么不好，有人夸我，我微笑点头，有人骂我，我一笑而过。一切都很随心、很自在。这种状态就是大家一直推崇的“平常心”，这平常心其实是拿得起、放得下之后的心境的产物。

真幸福从表面上看，你会发现这个人从中年起，生活逐步变好，到了晚年，非但有足够的钱，良好的社会关系，吃得开，而且年老了也有一群信得过的朋友，身体健康，家人爱人和睦，子女孝顺出息，天天其乐融融。

真幸福与伪幸福的最大区别，就是当你问他："你幸福吗？"他会用淡淡的但又无处不在的笑容告诉你："我很幸福。"这时候有人也许会问：不追求物质，只追求精神，人难道不会饿死吗？

物质观的误区

东叔并不是要求大家完全不追求物质，我只是建议大家不要只为物质而活。车夫是要喂马的，而且要把马养好，只是不能任由马来驾驶车；养好马，是指要照顾好自己的身体，就好像要给马喂食一样，自己一日三餐要充足，要合理安排生活作息。

母亲是要照顾孩子的，而且要把孩子教育好，只是不能任由孩子随心所欲。带好孩子，是指要管理好自己的情绪，就好像孩子会任性胡来一样，自己要打理好自己的心情，控制好自己的欲望，尽量减少任性行为，管教好自己。

皇帝是要给大臣俸禄的，并且要有升级制度，让大臣尽心尽力去努力，只是不能任由大臣去掌控自己的国家。给大臣俸禄，是指还是要给自己花钱，对自己好。升级制度是指给自己安排一些小惊喜、小期待。可以享受美食，但不要只追求食物，那样就是为了舌头而活；可以享受美景，但不要只追求眼睛看到的美丽，那样是为眼睛而活；可以笑着接受赞扬，但不要为了得到赞扬而投入全部，那样是为头脑而活。为了内心而活才是为了自己而活，要记住自己才是皇帝。

那么，既然可以追求物质，为什么不干脆追求到极限呢？因为没有物质跟有物质差别很大，有物质跟物质很多则差别很少。

如果没有物质，等于完全不照顾自己的身体，忽视眼睛、耳朵、鼻子、舌头、身体和意识，则会非常痛苦，这点在现实生活中的体现为：没有钱跟有钱的幸福指数差很多。

如果有物质，等于已经充分照顾好自己的身体，而去继续任由眼睛、耳朵、鼻子、舌头、身体和意识去索取更多的物质，则会空虚和迷茫。这句话体现在生活中就是：有钱跟很有钱幸福指数的差别不大，而很有钱跟非常非常有钱的幸福指数差别几乎为零。因为，毕竟眼睛、耳朵、鼻子、舌头、身体和意识的需求，不是自己内心真正的需求，

毕竟人一天只吃三顿饭，再多的车子你也只能开一辆，再大的房子你也只能睡一张床。这个道理你是知道的，只是很多人会有个误区，以为有了无数的金钱以后可以让自己心里平静，可以让自己有安全感。

举个例子会让这一切看起来更清晰：东叔听说有个朋友的朋友，刚刚开始打拼时，他挂在嘴边最多的一句话是："我有 100 万元就好了。"别人问他为什么要 100 万元，他回答说：那样就可以不用看人脸色，不用委屈自己，即使随时辞职，手上的钱也足够养活自己几年，可以放心大胆地慢慢找下一份工作，可以更加有安全感。所以大家一度叫他"百万哥"。

之后他很努力地工作，业余时间创业，不断找各种各样的机会，他的第一个 100 万元积累，用了 4 年时间。之后朋友问他：如

今是不是可以随时辞职、放心大胆地找工作了？结果他眉头微皱，回答说100万元买房子首付都不够，想要真正站稳脚跟，需要1000万元才行。他说，只有有了1000万元，他才敢说放就放，过自己想要的生活。

他从百万哥变成千万哥，花了2年时间。朋友去恭喜他，除了恭喜他财富的增加，更多的是恭喜他终于可以自由做自己。但那时的他只是微笑着点了点头，随即眉头紧锁地说，1000万元买了房子、车子后已经所剩无多，事业起步需要资金，家庭责任也越来越重。真的想要过随心所欲的生活，需要财务自由，他觉得只有手上有1亿元，才可以放心大胆地放飞自我。

从1000万元到1亿元，他用了1年零2个月。但那之后，他封闭了内心，几乎失去了所有的朋友。我那个朋友告诉我说，后来的他，对所有人都疑神疑鬼，认为所有人都是为了他的钱才靠近他。他日日焦虑，白发增多，且脸上几乎看不到笑容。

大家有没有发现他的安全感随着财富的增加反而降低了？过多的财富非但没有给他安全感，相反他已经变得惶惶不可终日了。

有的时候我觉得古代的财务体系更好一些。一度我们以物易物，主要的财富累积是粮食，当你只有一袋米的时候，你努力去赚米养家。当你米仓满了的时候，你看着满仓大米就会觉得几年也吃不完了，够了，于是去好好读书，打算考个功名，或做自己真正想做的事情。

如今财富存在银行里，写在纸上，纯粹用数字来表现，让人心里没底。几乎没有人会看着自己存款余额说："够了，我该去追求自己的梦想了。”其实，如果只是保持够用的生活起居，大多数人的存款都可以应付几年。但几乎没有人轻松愉快地去追求自己的梦想，而是都把焦虑挂在脸上。

因此，我们的重点并不是不追求物质了，物质还是要追求的，只是不能无限地只追求物质而已。那么，到底什么时候需要既追求物质又追求精神，什么时候可以只追求精神呢？分界线是：需求可以被轻松满足。

吃、住、行可以轻松地达成，之后就应该去追求精神。这里注意“需求”跟“要求”是有区别的，比如说住得舒适，是一种需求，但住豪宅，那就是要求。所以，东叔建议大家在物质满足之后多去追求精神的东西，这样大家会更幸福。

那么有人也许会问，为什么那些坏人看起来过得也挺幸福？他们用各种不好的手段得到了自己想要得到的一切，为什么看起来过得也不错呢？

为什么坏人看起来过得也挺好？

首先，坏人就是行恶的人，主要表现在于“伤害人”而行恶，是有行恶的报应的，主要报应在越行恶，自己的自信就失去得越快。大多数时候，他们是用“自信下降”的代价来交换“物质得到”或者暂时性的“心灵慰藉”。越来越多的物质并不会给行恶的人带来越来越多的快乐，但越来越低的自信却会慢慢摧毁他们周遭的一切，他们会一辈子为眼睛、耳朵、鼻子、舌头、身体和意识而活。陷入追求物质→满足一小会儿→再追求更多物质的怪圈里很难自拔。

我们拆分一下，这一切看起来就会更清楚。

行恶就是害人，信念总是越行动越加深。你越是伤害别人来满足自己的利益，就越会相信自己只能通过伤害别人来满足自己的利益，就越难以相信自己可以通过正当手段来满足自己的利益。最终这方面的自信就会越来越差，最终导致自己越来越失败、越来越不开心。

比如校园霸凌。越用拳头去说服别人跟你玩，就越会相信自己只能通过拳头说服别人跟你玩，就越难以相信自己可以正常地交到朋友，然后交友的自信就会越来越差，最终就只能靠拳头来沟通，交友的路越来越窄，自己也会因此越来越不开心。

比如职场小人。越用卑鄙的手段中伤别人，就越相信自己只能用卑鄙的手段中伤别人，就越难以相信自己可以靠本领超过别人，然后职场本领就会越来越差，最后只能靠卑鄙的手段来保住职位，职场的路会越来越窄，自己也会因此越来越不开心。

再比如用财富换取情感。你越用财富换取别人的情感，就越相信自己只能用财富去换取别人的情感，就越难相信自己可以靠其他本领获得别人的情感，最终自己通过正常恋爱得到别人情感的本领就会越来越差，这样下去，将来自己成家时的路就会越来越窄，自己也会因此越来越不开心。

在这里可能会有人问，有些事情是你情我愿的，为什么算行恶，算害人呢？坏人就是行恶的人，主要表现在于"伤害人"，但别忘了自己也是人。要知道，爱自己则天下人爱你，反之亦然。你只有自信不足时，才会去打击别人来满足自己的自信。事实上，打击别人并不能真的提高自己的自信，只能从某种程度上给自己一些慰藉，而随着打击别人/自己的次数增加，自己的自信会随之减少。

而当自己的自信越来越低时，你就会越来越不爱自己，当你越来越不爱自己时，人们会越来越远离你。而当你心灵的距离跟其他人越来越远的时候，你就会越来越不开心。而当你越不开心的时候，你就越想证明自己过得很开心。这也是为什么大多数的坏人在"朋友圈"里看起来过得很好。

真正过得好是不需要时常炫耀给别人看的。真正过得幸福，只会聊些日常，但充满笑意。只有那些需要证明自己是幸福的人，才会把幸福铺满“朋友圈”。所谓恶有恶报，这既体现在生活中，更体现在自己的心里，所以行恶最直观的体现就是不开心，因为真的开心是不需要炫耀的。开心应该是富足后自然的分享。

那么也许又有人会问了，恶人有自己的苦果我理解了，为什么善人也不开心？为什么大多数好人看起来过得不好？

为什么有的“好人”过得不幸福？

祖先代代相传，让我们行善助人，行好事，做好人。但我们经常看到各种各样做了好事却不得好报，或者明明做了一辈子的老好人却晚景凄凉。为什么大多数的“好人”没有好报呢？

其实好人必有好报。古代先贤发现了这个重要的道理后尝试传给后人，但任何代代相传的东西都必须是简单的，传承的内容越长，能传承的时间就越短。所以传承到现在就只剩下“好人好报”这个结果，而好人好报的原因和解释却慢慢地变得越来越模糊不清。

其实只需要仔细理解一遍，好人有好报是必然的。有一次我跟朋友吃饭，朋友问我：“为什么好人没有好报？”我笑着问她：“什么是好人？”她回答：“不行恶。”我微微摇头，继续问她：“什么是好人？”她一愣，还是回答我：“不行恶。”我放下筷子，看着她的眼睛笑着问：“再想一想，什么是好人？”她眼中的疑惑更浓了，但还是回答我：不行恶呀。”

于是我说：“坏人是行恶，这点没问题吧？那好人到底是什么呢？”她的眼睛突然闪了一下，然后回答我说：“哦，好人是行善。”没错，“不行恶”其实只是不好不坏的人，行恶是坏人，行善才是好人。那不好不坏的人应该过不好不坏的人生呀，为什么很多时候，不好不坏的人，过得还不如坏人呢？

我们做一些思考，你会看得更清楚。想象一家公司有两个副总经理，一个是凡事忍让的谦谦君子，另一个是无所不用其极的小人。假设现在总经理的位置空缺了，两个人去争这个位置，谁的赢面比较大？

通常是小人。小人会坑蒙拐骗，拉帮结派，背后捅刀。而君子只会见招拆招，被动防御。其实，并不是君子不知道小人的那些招式，也不是自己不会用那些招式，更多的时候，君子只是“不屑”。往往君子的心态是：“不就是个总经理的位置嘛，我不屑用那些手段去夺，让给你又如何？”

明朝有个皇帝叫朱厚照，此人一生贪玩，喜欢尝试新鲜事物。有一天他在大殿饮酒，已经很晚了，突然旁边的一个大臣看左右无人，趁机上前密报说：皇上，刘瑾要造反（刘瑾是当时的掌印太监）。朱厚照此时说了一句让人大跌眼镜的话，他说：“天下任他去夺。”史学家认为朱厚照当时喝多了，觉得当皇帝没意思，不当皇帝反而可以不用承担责任，继续玩。

当时那个大臣如果举报失败，事后肯定会被刘瑾秋后算账的，所以他没有放弃，上前又多说了一句，就这么一句，最后导致权倾朝野的刘瑾，先是变成阶下囚，后来罪证确凿，之后又被判处凌迟。那这个大臣到底说了什么呢？他说：“夺了之后又如何？”

一家公司，君子和小人抢夺一个总经理的位置，君子觉得无所谓，不屑用这些招式去争夺，让给你又如何。但小人夺了总经理的位置后会做些什么事情呢？他首先会把君子从现有的位置上赶走，再赶走所有一度帮助过君子的人，所以君子损失的不单单是晋升总经理的机会，还有职场上的一切。朱厚照如果真的被夺了皇位，刘瑾会做什么呢？如果朱厚照不死，刘瑾应该是一夜都睡不着的吧？

请问：一个遇事忍让、凡事委曲求全的，一个不好不坏的人，会过什么样的日子呢？会过得还不如坏人吧？自己受到伤害时，要连累家人来帮忙；自己家人和爱人受到伤害时，自己憋着一口气往肚子里咽，或者躲在角落里痛哭流涕。

我们反复强调过，助人者为善，害人者为恶。挨打不还手，请问帮助了谁？非但谁也没有帮助，反而还害了人——别忘了自己也是人。

每次所谓的隐忍，其实是以害己为代价的妥协，这种妥协如果真的能助人倒也罢了，至少会保持一个不好不坏的结果。但更多时候，这种妥协只是助长了坏人的气焰。所谓君子，应该是“佩剑君子”，真正的君子拥有力量，并且会有勇气去使用这个力量。力量在君子的手里，会变成一把伞，这把伞随着能力的增强会变得越来越大，可以用来保护自己、保护爱人、保护家人、保护朋友、保护陌生人。

所以，害人者会以“损失自信”的代价去换取利益。但“老好人”们会以“损失自信”的代价去息事宁人。换句话说，老好人们连利益也没得到，却持续在损失自信，自然过得还不如坏人。

有一天，孔子的学生问孔子：以德报怨，何如？（老师，我用自己的宽容大量和其他的美德，去应对别人对我的恶意攻击和怨仇，你觉得这样做好不好呀？）孔子说：以德报怨，何以报德？以直报怨，以德报德。（如果我用自己的宽容和美德来应对别人的恶意，那我拿什么去应对别人的好意？别人用恶意和怨仇来对待自己，自己就应该正直、公平地返还去。别人用德和善意来对自己，自己才应该用德和善意返回去。）连几千年前的孔子都教导我们要“以直报怨，以德报德”，可见这才是君子之道。只是这个以直报怨是有个度的，毕竟古代圣贤既教我们“以直报怨”，也教了我们“隐忍不发，息事宁人”。这两句看似矛盾的教导，我们到底应该怎么应用呢？

换句话说，我们到底什么时候应该选择原谅和化解，什么时候应该选择拍案而起、奋而反击呢？这方面心理学也是有技巧可以遵循的，心理学认为，你只需要做事后内心认可的选择。

这句话背后所运用的逻辑极其复杂，好在使用的解释很简单：当你面临一个选择时，你只需要想象一下，很久以后你对自己的孩子说起这件事情时，你是骄傲地说呢，还是需要修饰一下再说？如果你是骄傲地说，说明当下你选择的行动方式是对的，这属于“事后内心认可的选择”。但如果你跟孩子表达这件事情的时候需要修饰一下或者换个角度去说，说明你当下的行动方向也需要再修饰或者换种方法。

比如说，老板骂了你一顿，你很想辞职。这个时候，想象自己辞职后，把这个故事讲给家人或者孩子听的场景，感受一下自己在那个场景中情绪是正面的还是负面的，感受一下自己讲那个故事时是否需要修饰。你很快发现自己会处于一个辞职后的懊恼或者愤怒的状态，故事也会讲得支支吾吾。那么就说明，骂回去不是一个“事后内心认可的选择”。

又比如说，有个小人尖酸刻薄地当众讽刺了你一番，你很想下班后狠狠地揍那个小人一顿。那么只需要想象自己揍完他以后，讲这个故事给自己家人和孩子听的场景，感受那个场景中自己的情绪是正面的还是负面的，感受一下自己讲那个故事时是否需要修饰。你很快会发现自己可能正情绪激动地解释，同时在修饰这个故事。那么就说明，下班后揍他不是一个“事后内心认可的选择”。

那到底应该怎么做呢？当你遇到一些难以做决定的事情后，多想几个选择，然后一个个去用心感受，哪个才是事后认可的。

比如说老板骂了你，你回到座位上以后，想一想：有什么行动是可以做的，邮件沟通？电话解释？利用午餐时去表达？写一封信？哪一项是自己事后内心认可的选择呢？哪个场景是做完后自己心态正向的？哪一个场景是可以若干年后骄傲地讲给孩子听的？你的心会告诉你答案，跟着内心去做。

又比如说小人讽刺你，你不是要马上做出反应的，人带着情绪时往往会做出低于自己智商的行动，你可以冷静一下，想想自己可以采取什么行动。私底下找他聊一次？公开场合找他聊一次？聊之前先收集一些把柄再去找他聊？直接跟老板聊他的状况？跟其他同事解释然后孤立他？或者敞开心扉尝试去赢得他的内心，尝试改变他？到底哪个是自己事后内心认可的选择呢？哪个场景是做完后自己心态正向的？哪个行动是将来可以骄傲地跟孩子讲的？跟着内心去做。

唯有这样你才是真正地助己/助人，通过每次行动让自己越来越成长，自信也会因此越来越强。

讲到这里又有人要问了：既然害人不好，不害人不助人也不好，那为什么会有人一生行善助人，却依然过得不好呢？

为什么有人一生行善，却依然过得不好？

生活中，有许多父母为子女呕心沥血、恋人为爱人掏心掏肺、职员为公司尽心尽力、莽汉为道义两肋插刀的故事，为什么这些故事的结局，并不是全部都是美好的？

讲个故事，你会理解得更通透。想象你是一个农场主，你的农场里只种了一种植物，就是苹果树。一个人是不可能吃完所有苹果的，所以你想跟别人分享你的苹果，交换也好，卖也好，送也好，你希望你的苹果可以分享出去。

但你种出来的苹果有点酸，所以你想了很多办法让苹果更容易被人接受，比如说精美的包装，比如说买一送一，比如说送货上门。但苹果是酸的，没有人想要吃酸的苹果，可是不接受呢，又不给你面子，接受了又实在吃不下去。

想象所有人都是农场主，每个人都在自己的农场里种满了苹果树。你的邻居吃不完这些苹果，拿来跟你分享，你笑着接受后，咬了一口，发现这苹果比你的苹果甜，这时候你心情是复杂的，羡慕、嫉妒、不甘、疑惑、好奇等情绪纷纷涌了出来，这些情绪林林总总，但却只有很少的部分是祝福，从而导致你无法全心全意的、百分之百地接受这个比你甜的苹果。

而当内心的羡慕、嫉妒、不甘、疑惑不再微小，而变得难以控制的时候，你会开始挑剔对方的包装，对方是否买一送一，对方是否送货上门，等等。因为那样，你的心里更容易小小地舒服一下。下意识中，你更愿意跟一些种的苹果跟你差不多酸的人交往，因为那样更简单，情绪更少。

把上面故事里的农场主变成自己的内心，把苹果变成爱自己的程度，简称爱。我们重新再看一遍。

想象你的内心只培育了一个东西，就是爱。一个人是无法独自体验爱的，所以你想跟别人分享你的爱，交换也好，换点别的东西也好，送也好，你希望你的爱可以分享出去。

但你内心的爱有点酸，不够甜。所以你想了很多办法让自己的爱更加容易被接受，比如说包装自己，让自己显得更加可爱或者值得爱一些。比如说买一送一，别人给你一分爱，你回报两分。比如说送货上门，你会主动去把爱送到别人伸手可及的地方。但你内心的爱有点酸，不够甜，没有人想要酸的爱。不接受呢，显得不给你面子，接受呢，又实在融不进自己的心。

想象天下每个人的内心都只培育了一种东西，就是爱。你周围的人无法独自体验爱，把自己的爱拿来跟你分享。你笑着接受后，发现别人的爱比你的爱甜（也就是别人比你更加自信、更加爱自己）。这时候你的心情是复杂的，羡慕、嫉妒、不甘、疑惑、好奇等情绪纷纷涌了出来，这些情绪林林总总，但却只有很少的部分是祝福。这些导致你无法全心全意的、百分之百地接受这份比你甜的爱。

而当内心的羡慕、嫉妒、不甘、疑惑不再微小，而变得难以控制的时候，你会开始挑剔对方的包装（也就是对方爱自己的证明），对方是否买一送一（对方付出爱的程度），对方是否送货上门（对方是否把爱送到你伸手可及的地方）。因为那样，你的心里更容易小小的舒服一下。

下意识中，你更愿意跟一些与你的自信程度，或者说爱自己程度与你的差不多的人交往，因为那样更简单，情绪更少。包装、买一送一、送货上门，挑剔别人的包装、买一送一、送货上门，无法百分之百地接受别人的甜，只能跟同样酸的人换来换去。这一切都只因为一个原因，就是“苹果是酸的”，也就是“不够自信，不够爱自己”。

而包装，无法改变你苹果的酸度，买一送一也不行，送货上门也不行。挑剔别人的包装、买一送一、送货上门，也无法改变自己苹果的甜度。

而你无法百分之百地接受别人的甜，会导致你无法接受比你自信的人对你的好意。这意味着比你优秀的人对你的追求会让你有不恰当的反应，比你富足的人跟你沟通会让你有不恰当的应对，意味着你无法跟更强、更好、更棒的人真正交心。也意味着，你只能在自己的圈子里止步不前。因为止步不前“看起来”更加的简单。

但，真的更加简单吗？包装自己、忍着心痛买一送一、压抑着自己送货上门、各种挑剔别人、责怪别人。这么大一圈的麻烦。结果却是原地打转，拒绝这世界上一切可能的美好，换来的却是这样一个没有意义的结果。

所以，真正简单的方法，是把苹果变甜！这一切背后的唯一的原因，自己掩饰了那么久，包装了那么久，不就是因为自己的爱不够甜吗？

回到开头的问题：为什么父母为子女呕心沥血，恋人为爱人掏心掏肺，职员为公司尽心尽力，莽汉为道义两肋插刀，为什么这些故事的结局，并不都是美好的？

因为，他们的苹果不够甜！

真正的偷懒就是一次性把事情做好。所以，真正的简单，应该是把苹果变甜，也就是应该是爱自己，为自己骄傲。当你的苹果是甜的，当你是爱自己的，你不必包装，不必买一送一，不必送货上门，自然会有人来排队向你要苹果。你再也不必显得骄傲，不必两倍付出，不必把爱送到别人伸手可及的地方，你的爱，别人会上门来讨。

你再也不会去挑剔别人是否显得骄傲，付出的多少，付出的是否为别人着想，因为自己甜了，就再也不会觉得一切是有必要的。你会自然而然地接触更自信、更开心、更富足、更优秀的人，并被他们所接纳，跟他们交心。

而你，会变成一个全新的、更好版本的自己。这一切的一切，其实只需要你为自己感到骄傲！

结束语

我们讲了那么多,包括苹果论、人生学校论、好人好报等一系列的内容,其实归根到底就说了两个字:信念。

相信自己,爱自己,为自己骄傲,让自己成为能量的聚集者,学校的好学生,苹果园的甜苹果。

附录

咨询室的故事

海伦的故事

人物资料：海伦，女，30 岁，销售，现住杭州。

曾经经历的一切都是有意义的，它们造就了今天的我。我觉得今天的我，比以往任何时候的我都更令自己满意和骄傲，从这个角度上说，我感谢我的过去。如果过去能重来一遍，我还是会选择一样的路重新走一遍。在人生成长的过程中，学会如何去爱，有时候比爱本身更重要，学会觉察自己，有时候比表达自己更重要。

变质的婚姻　迷失的自我

我的故事发生在 2017 年的初春，现在回想起来，遥远得仿佛是上辈子的事情。我特别庆幸自己当时破釜沉舟的勇气，也特别感激萍水相逢的东叔在我快要溺死的时候拉了我一把。

我和前夫是自由恋爱，来自不同的城市，确定恋爱关系的时候，我们身处不同的国家留学。跨国、跨时区恋爱一年，毕业回国后不久，我们就领证结婚了。

前夫是个有追求的人，他在我的城市找到了不错的工作，双方父母共同出资为我们购置了婚房，两年后我们有了自己的孩子。生活中也有磕磕绊绊，但总体来说，也都能过去。只是我隐约觉得，似乎工作以后，我们之间在思想上，关于情感的共鸣越来越少了。他越来越热衷于加官晋爵，他的快乐更多地来自工作带来的成就感，而我对生活的要求依然停留在对感情的需求和温馨的一家三口上。其实不能说谁对谁错，但差别确实是在那时候开始产生的。我们开始觉得对方总是get不到自己的点，似乎和对方讲了无数的道理、表达了无数次，但对方就是无法理解。婚姻，渐渐从相爱、理解，变成了更多是搭伙过日子。

孩子出生后不久，因为工作原因，我和前夫开始了两地分居的生活。因为工作越来越多、越来越繁忙，他从刚开始时每周回来两三次，变成一周回来一次，最后又变成了半个月、一个月回来一次，出差的时候，两个月不回家的情况也是有的。

为了支持他的事业，也为了证明自己是个有能力的女人，我开始一个人承担所有的家务和孩子的日常。我的父母晚上帮我一起带孩子，时常补贴我因家庭开销而捉襟见肘的生活，而我自己，在生活和自己给自己的重压之下，在前夫的缺位之下，渐渐变成了一个身材走形、土里土气、毫无生机、内心渴望被爱、表面不屑被爱的黄脸婆。我刻意地不去聆听自己内心深处的呐喊，我觉得即便我说了，也不会得到自己希望得到的关心与爱护，活活把自己变成了一个不和任何人沟通的机器。

婆媳矛盾　婚姻破裂

前夫在那段时间工作晋升、收入暴涨，从一个普通家庭出来的青年成长为一个公司里小有成就的中流砥柱，他终于不再关注我的内心，也渐渐开始有意无意地忽略我的付出。而我，除了软弱、沉默和回应孩子的呼唤以外，再无存在感，变成了家里的隐形人。我的心，也渐渐消沉、变冷变硬。

那段时间也爆发了婆媳矛盾。其实婆婆是个非常坚强、隐忍的女人，但一辈子也没有得到过丈夫平等的关爱，她把自己对幸福的所有期待全部寄托在了儿子身上。或许是因为当时的我与当时的她有太多相似点，她对我的容忍度很低，时常因为一些无心的话对我产生不满，而我的反应通常是沉默，或者暗暗反抗。

我还记得直接引爆矛盾的那天。那是一个晴朗的春天的下午，因为很小的家庭琐事，婆婆觉得我不尊重她，事实上，从我当时的内心而言，我也的确并没有发自内心地尊重她，我对她更多的是怨恨，和想离离不开的纠结。我怨恨她把生活的重担和她的负面情绪一股脑儿全都抛给了我，对我的辛苦付出视若无睹，我也贪恋曾经的美好。总之，在那天下午，婆婆在前夫的默许下，让我带着生病的孩子滚出家门。孩子在我怀中惊恐地颤抖，母亲在我身后悲愤关切，温暖的春风吹干我的泪，我却感到刺骨的冷、锥心的痛。随后，我接到了丈夫的最后通牒：带着孩子带着钱，断绝和我父母的关系，向他的父母下跪认错。要是做不到，就只有第二条路，离婚。无论我怎样低三下四地祈求，他始终犹如一块冰冷的铁。

我终于意识到，这个男人已不再是当初那个可以让我奋不顾身的男人，我和他的婚姻走到了尽头。我也终于意识到，有时候，奋不顾身并不能换来幸福。

病急乱投医，当时的我无法承受离婚的痛苦，一边在父母面前强装镇定，一边四处寻找挽救婚姻的方法，最后，我唐突地向一个心理学公众号请求帮助。也是在那个时候，我认识了东叔——当时唯一向我伸出援手的人。

我很艰难地约到前夫一起去东叔的咨询室做关于婚姻家庭的心理咨询。东叔也确实给到了我当时需要的良药：自信。只有真的自信起来，才能真正爱自己，才能真正被爱。但很遗憾的是，我和前夫并没能坚持下去，最终我们依然选择了离婚。只不过，这一次是我主动提出的。

结束婚姻　开始反思

从我思考自己的婚姻，一直到我提出离婚，中间只经历了半年不到。我一遍遍地反刍我们共同经历过的种种快乐与悲伤。我一遍遍地想，是什么，让我想要离开他。

我第一次产生离开他的想法是在孩子出生的那天。我永远也忘不了当我在产床上痛到表情变形，他却在旁边用手机向门外的父母汇报我当时开到几指。当时我需要他的陪伴，一次次疼痛难忍地向他提出可不可以把注意力放在我身上的时候，他选择了无视。而当我终于失望了，体力不支被拉去剖宫产，出手术室的时候，他却又凑过来跟我说，他想告诉我，我生完宝宝他第一眼先看的是我，而不是孩子。他在极力证明自己是个好丈夫。他可以一边在病房里在我面前装作顺从地和我父母说话，一边又在病房外面的走廊里冲我父母发火撂狠话。在他看来是考虑到我刚刚手术，对我的尊重，但在我的感受中，其实是多重的伤害，我体验到了欺骗、否定、虚伪。我真的真的，一点都不需要这样一个假的好老公。我为什么要配合着扮演一个感激的、幸福的妻子呢？我不愿这样假装一辈子，不切实际也好，会很辛苦也罢，总之，我就是不要那样虚假的美好。

做了很多心理建设，也尝试过很多次沟通，可都没有结果，耐心地等到自己最后一点留恋也消失干净了，我就干脆地离婚了。

寻找自我

离婚后，我开始了漫长的寻找自我意识的旅途。

爱自己是一个很抽象的概念，我不知道怎样才算爱自己，被人推着爱自己是爱自己吗？为了对自己好而对自己好，是爱自己吗？好像也都不完全是吧。不是很爱自己的时候，我可以去爱别人吗？别人会爱这样的我吗？我好像也没有答案。

但我至少开始试着剖析我自己了，至少我意识到，我需要做出改变了，至少至少，我知道我要的是真实的爱。而那颗我以为已经死掉的心，也在我进行自我剖析的过程中，慢慢地活了。

后来我遇到了一个我特别喜欢的人，我们是异地恋。他最打动我的点是：不管在怎样艰难的情况下，不管我或他是怎样的状态，他永远都不会放弃我，我们可以争吵，可以不说话，但我们不会停止爱对方。也是因为拥有了这样一份对爱的坚持，我好像也渐渐明白了，爱，其实是可以像生命一样，有各种各样不同的演绎的，我，也值得拥有这样的一份爱。

生活给了我一记重创，又在伤疤上为我盛开了一朵花。有时候，人生就是这样起起伏伏。现在的我，关注更多的是我在这段关系中，学到了什么，我能不能在下一次遇到同样情况的时候，做得比上一次更好一点。我是个不完美的人，他也是一个不完美的人，我可以爱，也可以被爱，我可以把我的情绪表达出来，我也可以对我的情绪真正接纳和负责，我可以告诉他我需要什么，我也可以理解他为什么给不了。给彼此多一点时间，让彼此用最自然的姿态来到彼此的身边，这是我目前最想要的。

正果的故事

人物资料:正果,女,40岁,设计培训师,现住广州。

一辈子究竟有多长?每个人最终都会死,那么活着的意义到底是什么?

记忆中,我在5岁的时候就开始问妈妈这些在她看来是莫名其妙的问题。长大了,谈恋爱了,我也重复地问我的男朋友,得到的答案就是"这些永远都不会有答案的问题,不用再问了。不会对你的人生有任何帮助的。"

然后,光阴飞逝。转眼,我也为人妻,为人母了,生活过得安逸。有一段时间,仿佛我已经把这些问题给淡忘了。可是,我真的有忘记吗?还是说,我只是选择不再去追问这些无法得知答案的问题。

有些问题是永远无法逃避的。命中注定,这些问题我必须亲自找出答案。

童年

我在一个知识分子家庭长大,童年中有很多年纪相仿的表兄弟姐妹。但是我的童年里，陪伴我最多的却是一堆洋娃娃和各种玩具。

我总是跟别人说，我的童年是不快乐的。我父亲是个沉默寡言的人，他跟爷爷奶奶和其他叔叔婶婶都不是很亲近。妈妈跟妯娌之间的关系也不好，经常听到她们的争吵。然后，自然而然地，我也是家族中一个被忽视的小人物。当我跟父母表达我不快乐的时候，他们总是表现得很失望、伤心和不满。“你的姐妹们有什么好玩的好吃的，我照样给你买同款的。妈妈从来不让你吃亏。你就不记得妈妈对你的好呢？怎么还不知足？”

但是我不需要那些玩的吃的。一个人太寂寞了。我真正渴望的是被大家重视，被所有人疼爱。我要让大家喜欢我，所以，我要千方百计地努力学习，千方百计地长得比我的表姐妹好看，千方百计地喜欢他们所喜欢的东西，奢望有那么一刻我们可以有共同语言，一起玩耍。

只是，唯有一件事情我无法妥协。

请不要叫我“老师”

我们家族大部分的人都是公立学校的老师，包括我的同辈姐妹们。但是我不喜欢做老师。我并没有对老师这个职业有任何负面的评价。我只是每当想起那些朝朝暮暮重复着的生活节奏，会感到莫名的不安。如果人生就这样，不知不觉，顺其自然地，二十年、三十年、五十年、一辈子，那到底活着的意义在哪里？

对我来说，比变化更让我不安的是一成不变。

高考填志愿的那一天，我父母极力地游说我填师范学院。我告诉他们，老师不是我理想的职业。“那么你想当什么？你能做什么？”妈妈问。我心里是有答案的，艺术家、音乐家、设计师，但是这些职业我都不敢说出来，因为我记得我的一位叔叔说过，这些职业只能等到你死的那天才会出名。

我不知道我想成为什么，除了脑袋里面的那几个名字。所以，我选择了父母认可的专业，家族里大家认可的专业。

我顺利地考上了师范大学。我在大学里经常拿奖学金，参加各种教师技能比赛，大学时代的我，到处都闪耀着光芒。可是，我心里念想的是毕业之后如何可以找到非教育系统的工作。我抱着那么一丝希望……

快毕业的时候，妈妈很开心地告诉我，她已经为我“铺好了路”。她为我找到了一所一级学校，我一毕业就可以去初中部当老师。听到这个消息，我内心那份不安涌了上来，那个日复一日一成不变到老的画面又出现在我眼前。我拒绝了，并在他们面前大哭以表达我的不满。“那么你想当什么？你能做什么？”妈妈问。

怎样做才不算虚度

我还是无奈地接受了妈妈的安排。

但我不是一个好老师。我不喜欢那些孩子们，他们也都不喜欢上我的课。我还甚至在学区教研室领导面前上过一节非常糟糕的公开课。

年级级长找我谈心，把我跟某位同龄的优秀老师做比较。我非常的失落，说不出来的一种绝望的感觉。而其实在那段时期里面，让我最失落的是——我失恋了。

我做着自己不喜欢的工作，并且没有人爱我。我感觉我的人生完全的迷失方向了。我麻木地过着每一天，看不到未来。

我要继续这样活着吗？

历史在不断重演

2000年，我决定去留学。那是我歇斯底里地跟父母谈判后的结果。我幻想着留过学，回国之后我就可以更轻易地找到更好的工作，哪怕只是做老师，也是工作轻松、月薪过万的培训机构老师。有了钱，我起码可以有点自己的小追求，获得更多的人生自由。我是这么想的。

我如愿以偿了。而且，因为留学归来，我身边多了很多认可我的人。整个家族的人都对我改变了态度。我不再需要渴求他们对我的关爱了。这种被关注的感觉实在太好了。

然而，我还需要工作上的被认可。我在一个全球顶尖的培训机构里面做老师，但我不是最优秀的。我努力认真地做各种事情，可是每次获表扬的名单中从来没有我。我去竞岗做首席老师，最后失败了。那么优秀的我居然没有被认可，我很生气地辞职了，并且还找到了一家更好的企业，在一个世界500强的企业担任培训师。

我要证明我的优秀。

在新企业里辗转工作了6年，拿过无数的奖，做过大大小小的项目，以这样的资历，理应获得职位升迁。但是我却一直没有被提拔。工作第6年有一次竞岗的机会，最后又失败了。这次，我心灰意冷。我感觉我已经到达了人生最低点。为什么我总是没有被“看见”？这难道就是我的命吗？

原来我一直都没有好好地爱过自己

在一次公司的外部培训中，我认识了舒东老师，一个有趣、博学、能够瞬间读懂你内心的心理学家。课后，舒老师打趣地说：“现在是提问时间，你们可以问我任何的问题，包括人生问题，我都可以用3分钟的时间给你一个准确的答案。”

我的人生过了漫长的几十年，仿佛等待的就是这一刻。我冲口而出：“舒老师，请告诉我人生的意义是什么？”舒老师微笑了一下，说：“这个问题不复杂，3分钟可以解释清楚。”

接下来，人生学校论、镜子原理、自我认知提升方法、幸福原理，舒老师毫无保留地掏出来分享给我。

“人生的最大意义是找到最好版本的自己。当你成为你心目中的自己，你就可以毕业，毕业就意味着你获得真正的幸福人生。当你的幸福感满了，你就会开始希望去分享、去助人……相信我，当你的境界去到了一定的高度，你看到的世界会很美。这种美会超出你的想象。”

舒老师认为我一直没有好好地爱过自己。刚开始的时候，我不明白为什么他要这么说。怎么会呢？物质上，我为自己买高级的护肤品，漂亮的服装，名牌包包，吃尽各种美食。精神上，我也不断地学习，考各种证书，让自己越来越有学问。可是当我去反思自己，再往深处去思考的时候，我发现我隐藏了自己最想要的东西。那个真正让我幸福的点，那个藏着我人生最大意义的点，我一直没有去触碰它。

还记得妈妈曾经多次问我的那两个问题："你想当什么？你到底能够做什么？"——我内心明明是清楚的，但是却不敢相信我会拥有的一个答案。

艺术家？音乐家？设计师？这就像一个见不得人的秘密。我无法大声地说出口。因为，我不相信我可以拥有。我的人生就是卡在了这里。

那个一直寻找别人认可的我，原来真的一直都没有好好地爱过自己。从童年开始到成年，我努力做的每一件看似在为自己好的事情，对现状的不满足不甘心，其实只是在重复地告诉内在的自己我不值得被爱，我不值得拥有我追求的事物，我没有能力让自己成为更好版本的自己。而且，我还满心以为爱只能向外寻求，而我是没有爱自己的能力的。

更好版本的自己

我现在还可以去追求我的人生吗？一个不惑之年的人还有能力谈追求吗？

"爱自己就要相信自己。相信自己，你就能成为内心当中你要成为的那个自己。相信自己的人，一定会心想事成。"这是我每次跟舒老师谈心的时候他鼓励我的话。

“相信自己又不花我一分钱，为什么不去信？与其生活在无可奈何的现状中，不如来一场人生的逆袭？”我这样思考着，而且也真的在不断地为自己内心增加“相信”的力量。

从此，我的生活里面多了很多爱自己的时间。每周坚持运动、瑜伽，让自己每天可以保持精力充沛。每当工作上遇到难题的时候，或者心情低落的时候，我会停下来，感受当下的情绪，跟自己对话，并且告诉自己“我爱你”。

虽然我不感觉我的生活有发生太多变化，但是我学会接纳了真实的自己。我也开始不再期待别人对我的赞美。我相信我很好。

日子一天天地过去，我开始感受到了幸福在悄悄地来到我的身边。

通往天赋的路

从来没想过跨界做设计的我，某一天收到几个猎头打来的电话，问我是否愿意做时尚设计培训师。

设计？这不是我一直不敢说出口的那个词吗？我真的可以?！我不敢相信这一切。不，应该是我终于相信我能拥有这一切了。面试很顺利，我最终获得了一家世界知名品牌的设计培训师工作。这个结局，我怎么觉得就像小时候听的那些童话故事一样，“最后王子和公主幸福快乐地生活在一起”。有很多个晚上，我都是带着微笑入睡，带着微笑醒过来的。

天赋的路还没走完，现在的我只是找到了通往天赋的路而已。然而我已经不再担心结局了。因为，我相信我的世界会变得更美，就在不远的将来……

小白的故事

人物资料：小白，31 岁，跨境电商，现住上海。

瓶颈期

大学毕业后的第四年我就很幸运地被老板认可，成为一家分公司的副总经理。但是管理好一个分公司，对不是科班出身、工作阅历不足的我来说，压力太大。昔日的同事，不断招进来的新人，我的下属，下属的下属，复杂的框架结构，大大小小有 100 多人。公司不断压下来的业绩指标，我该如何带领大家一起完成。如何处理与大家的关系？如何让大家认可？如何服重？角色的转变让我措手不及。

分公司的各个团队与总公司的各个团队开始竞争起来。每天睡前想的是业绩，醒来想的也是业绩。不知从何时起，我对员工要求也越来越严厉，变得喜怒无常、敏感、易怒。

一个阳光明媚的早晨，我依照惯例检查各个店铺的运营情况。意外地发现有好几个店铺都出现了取消订单现象。于是问我的一位部们经理，暂时叫他 C 先生吧。“我都跟你们说了多少次，订单不能及时标记发货，会对我们的店铺影响很大！”C 先生赶紧打开店铺核查，过了一会儿说：“是因为产品缺货，我们的发货系统不能及时标记发货。”“每天检查店铺订单不是你们的职责吗？每天的业务流程都能忘记？”我气愤地吼着。C 先生知道自己工作失误了，没有说话。我却不依不饶，说：“我之前说过很多次，不标记发货，之前的工作等于白做，大家辛苦工作，就是为了让业绩越来越好，你们没有一点点紧迫感吗？想被淘汰掉吗……”办公室一片安静，只有我的吼声。C 先生一句话不说，过了一会儿跟我说：“副总，是我的工作失误，我们已经处理好了，下次不会再发生了。”我又无视他的道歉，唠叨了好一会儿，感觉不说出来，胸口的闷气出不来。我并没有察觉办公室安静的只剩下敲键盘的声音。

类似的事情频频发生。每次我都事后后悔，不该乱发脾气，但是当时根本控制不了自己的情绪。没多久的一次小型会议上，我又控制不了自己的情绪，说了很多难听的话。具体是为什么，现在已经记不清了。但是印象最深的是 C 先生吼了我，我问他“懂不懂得尊重人”，他说“跟你学的”。一下子被他说得哑口无言，觉得自己很失败。之后我们的关系变得很不和谐，从 C 先生的眼神中，我看到了失望和丝丝的轻蔑。

差点毁了一个部门

就在我越来越不爱自己，否定自己的时候，公司来了一位年轻女孩，她很拼搏，为人热情，人缘也好。这里就叫她 A 小姐吧。看到她，好像看到了几年前的自己，于是对她格外的照顾。她也很感激我，我们的关系越来越好。很快她晋升为部门经理。我担心如果对她管理过于严厉，她会像C先生那样疏远我，不喜欢我。所以就基本不管理A小姐部门的工作。

一天，我的老板叫我去他的办公室："A团队的老员工怎么都离职了，短短半年账号一个接着一个被关店，我安排的工作都没有落实，到底是怎么回事？"我答不上来。他对我失望地说："以后我们一起管理这个部门吧。"我找到一个提出离职的员工谈话："什么原因要离职呢？""我花心血带起来的账号，因为某某跟她关系好，就直接让我转给她了，我反抗，她就说要不我找副总跟你谈？"我震惊了，又继续问了其余几人，几乎都是因为不服才会离职的。冷静之后，我找到A，她说："你不懂我们部门的事情，事情不是这样的。"我又问："为什么要改掉老板和我定的销售方案，还谎报数据？""因为你们这样不对。"整个团队二十多人，大换血。后来她离职了。走前还泼了我一身脏水："就是她向老板告状的，生活上，工作上都欺负我……"

寻求帮助

到底哪里出问题了？为什么严厉不行，不严厉也不行，我是不是不适合做管理？经常有"我是谁，我在哪，我要去哪里"的疑问。机缘巧合，遇到了东叔。他是一位资深的心理学老师。听了我的故事后，并没有直接告诉我答案，而是通过一系列的疏导，告诉我，这是不自信、不爱自己的表现，需要提升自我信念。只有自己真正认可自己了，别人才会认可我。

1. 每天对着镜子微笑，说“我爱你”；

2. 多看年轻创业的例子；

3. 少揽事；

4. 学习“东叔只有3分钟”视频中的一节课——“情绪管理三部曲”，学会如何管理自己的情绪。

我的改变

看年轻创业女性的案例，我发现有很多比我更优秀的人，她们充满魅力。我的段位太低了，所经历的事，那都不是事儿。并不特别，也不另类，应更加专注自己的工作。

一次，我说：“五组的组长离职了，他们组的产品价格你有没有交代新人处理？”C先生答：“没有，我不知道她离职了，那天还问你呢。”我一下子火了，这是他手下的组长，他怎么会不知道？这时想到东叔的话，天下任何人做任何事的动机都是正向的，最根本的动机只有两个：寻找爱或者付出爱。C先生的动机是付出爱，他在付出爱的过程中受到了能力的限制，能做的最大努力就是叮嘱其他组改好价格，但却忘记交代新人处理。反思了下自己，我有没有做过类似的事情？答案是有。就这件事，如果我自己没有忘记，也会很早就交代新人处理。换个方向思考，情绪慢慢消失了。当我放下情绪的时候，我发现，C先生已经去指导新人工作了。

我也在开始思考A小组的事情，发现，其实A小姐本性不坏，她是一个刚毕业的大学生，有着自己的骄傲和自信。她觉得自己的工作方式没有问题，这是她自己的认知和对事物判断的能力有限，但是她已经做了自己最大的努力了。而我作为她的上级，应该及时帮助她，纠正她，提升她的能力。

这些事情过后，我明白了，不管与下属之前是朋友关系，还是上下级关系，是严厉还是放松，都没有关系。并不是一味地大吼大叫就能显示自己多倍尊重认可，也不是一味地放任不管就可以讨好别人。这些都是不自信的表现。重点是我们认可自己的管理，相信自己的能力。做任何事情不是为了取悦任何人或者事物，唯一的目的是对业绩有帮助，为公司的发展而努力。

现在公司有大大小小 7 个团队，每个团队都有负责人。框架清晰，相互独立。公司慢慢稳步发展起来。感谢我的心理老师，让我提升信念，还有很多提升自己的小工具。感谢一直教导我的老板，还有一起奋斗的小伙伴们。相信未来会更好！

锦觅的故事

人物资料：锦觅，34 岁，牙医，现住洛杉矶。

我叫锦觅，在单亲家庭长大，姥姥从小学开始从奶奶那里把我接过来，抚养我到初中毕业，14 岁和母亲移居美国，母亲 1 年后回国工作，我便开始了 20 多年的独立生活。我现在从事牙医工作，自己经营诊所。虽然在别人眼里是“白富美”，可是自己内心却有很多的不安全感：30 出头了还没有找到心仪的对象，在工作上也有很多不顺心的地方。

母女的磨合期

2015 年妈妈决定在美国拿公民，所以坐起了移民监，这也是我们母女正式在同一个屋檐下生活。我从小都是由奶奶和姥姥带大的，从来没有和母亲长期相处。因为我们对彼此的性格、喜好、经历、内心深处的事情都不是很了解，所以一开始磨合期的时候经常争吵，我们经常都很不开心。

妈妈是一个喜欢用负面词语来讲事情的人，所以很多时候本身是好意，结果因为说的方式不对，让人不能接受。记得有一次我来月经的时候忍不住嘴馋吃了雪糕，结果她就在一旁说："再这样不注意吃冷的，你不仅会老得快，以后肯定还会风湿腰疼。"本来下了班很累的我，不想听她唠叨，就马上进了我的书房。我本身是一个正能量很多的人，和妈妈生活在一起之后，觉得她满身的负能量，经常抱怨这抱怨那，真的很不喜欢和她讲话，也慢慢地避开她和她说话了。

记得有一阵子我的工作很紧张，某天开车的时候突然从前面停车场冲出一辆车左拐，我立刻踩了刹车但还是来不及，我的车撞到别人的车身，结果车头冒烟，只能等警察来做处理。那天拖车公司让我在原地等着，结果就从早上 11 点等到下午 6 点。撞车之后我给妈妈打电话说在家附近撞车了，报了个平安，妈妈知道后也没有多说什么。下午的时候，我在车里等着，心情越来越不好，心想着这一天就毁掉了，什么事情也做不了，同时肚子也饿得咕咕叫。终于等到了拖车公司把车拖走了以后，我决定打个 Uber 回家。虽然离家里只有 5 分钟的路程，我也不想麻烦妈妈来接我。心情已经很不好的我，回家后和妈妈发了个牢骚，"妈妈，今天真的很可怕，那个人突然间冲出来我就撞了上去，还害得我浪费了一天的时间……""知道了，下次自己开车也要小心点，我要赶去健身房锻炼了，瑜伽课 8 点，回来再说!"妈妈说完之后就风风火火地出去了。她关了门之后，我的委屈、无助一拥而上，忍不住哭了出来。其实我多么希望妈妈能多关心我一点，希望她可以在家里给我做顿好吃的压压惊，又或者下午给我送个水、看望我一下，毕竟她也知道出事故的地方离家里很近。我觉得我一点都没有被关心到，心里便怨恨了起来，不由得想到了之前高中毕业时的相同处境。

那时我成绩很好，报考的伯克利大学、哥伦比亚大学都录取了我，可高中最后一学期因为和男友分手而导致生物课最后一个考试考砸了，功亏一篑，落了榜。那时的我，面对分手的打击和大学落榜的打击，进入人生的第一个低谷。颓废的我当时也没有立刻好好安排社区大学的入学，结果开学的时候既没有地方住，也没有钱买车，最后被迫暂时住在一个离学校近的美国人家的客厅。我还记得当时我给妈妈打电话，希望她可以回来陪我，我清楚地记得她在电话里说："我现在工作忙，回不来，再说，就算回来了，也改变不了任何事情。"电话那头的我，真的心都凉了。那时的我，觉得内心无比的孤独，遇到了困难都没有家人的陪伴，难过极了。所以，遇到了出车祸的事情，这样的心情又会浮现了出来。接下来的一个月在工作上更是接二连三地出现状况，那时我经济接近破产状态，人生又接近第二个低谷的状态。

一次偶然的机会里，我和东叔谈心。东叔那天讲了很多与人的相处之道，我记得他反复说着一句话：天下的一切都是你的镜子，一切引起自己情绪的都是上天安排的课题。东叔鼓励我要敞开心扉的和我妈妈沟通，因为我目前一切的问题（工作、爱情、家庭）都是源于我和父母的关系，他建议我先从改善和妈妈的关系开始。

敞开心扉的沟通

妈妈是一个不擅长表达自己的人，也不太喜欢沟通。所以我就郑重其事地和妈妈约了一个周末两个人都没事的晚上，想好了要和她沟通的事项，和她面对面坐下来谈心。我记得东叔说的话："要诚实地面对自己的情绪，要努力去做对两个人关系都好的事情。"所以，在那天晚上谈话之前，我认真的读了一本叫《爱的五种语言》的书。这本书里讲述了 5 种不同的爱人的方式和如何去了解和运用各种爱的语言，对你的家人、孩子、爱人、朋友和同事。

"妈妈，我觉得有的时候我很希望你多能关心我一点，让我多感受到一点爱，比如说那次车祸的事情，我觉得很难受。"我认真诚实地和妈妈讲了我的感受，她也认真地听。"我也觉得那天我做得不好，后来回想的时候其实也觉得很愧疚。"我知道妈妈很敏感，所以我都没有说指责的话，只是陈述了我的感受，和我希望她以后可以改善的事情。"那我也希望你和我说我哪些地方让你觉得不开心，好吗？""嗯，其实也有一次，我感冒了，和你说了几次喉咙不舒服，你因为上班忙，所以后来也没有再关心了，那时我也觉得很难过，还有很多时候我觉得你和你的好朋友聊天都很开心，但是回家都不和我聊天。"说到这里，我才理解到东叔说的"天下的一切都是你的镜子，一切引起自己情绪的都是上天安排的课题"。原来我也是没有关心我妈妈，所以车祸那天的情绪其实是在反射我自己的不足。"我知道了，让您不开心了，对不起，我以后会改善的，我们可以用对方的爱的语言来互相关心对方，给对方爱，好不好？"妈妈认真地听我说完了爱的 5 种语言，并且我们都知道了对方的语言。我们共同喜欢接受的语言都是"欢乐的时光"，妈妈的第二种语言是"肯定的语言"，而我是"身体的接触"。妈妈说道："其实从小到大，我也没有得到姥姥的夸奖，所以天天听到的都是一些负面的说辞，也可能造成了自己说话不好听把。”“那我们就约定好，每周固定一个时间来度过两个人的欢乐时光！”就这样，通过那天晚上敞开心扉的沟通，我和妈妈也互相道歉，原谅了对方过去种种的不足，也有了一个很开心的决定。

修复并建立关系

接下来的一个月，我们每天都非常努力地用心改变。那天我下班回家途中去超市给妈妈买了她喜欢的郁金香，回到家后妈妈正在做饭，看到花的时候脸都笑成了花，那可是发自内心的开心。“妈妈做饭辛苦了！”我也说着“肯定的话语”，晚饭后我们就一起牵着手散步聊天，度过“快乐的时光”。就这样，我们更加了解对方的想法、性格、喜好。在散步聊天的过程中，妈妈和我说其实她对金钱很没有安全感，总是怕自己没有钱。那时我还在上学，她必须辛苦地挣钱供养我，不能回来陪我，但是她也有对我的很多愧疚。我也了解到妈妈一个人打拼和带我来美国生活的不容易。“妈妈，我永远都不会离开你的，我也会尽我最大的努力让你过上稳定的生活。”我这才记得东叔也讲过的话：“理解是爱的开始。”“原谅父母的不完美是一个人最大的修养。”

记得还有一次长周末，我们母女一起去旅行。她喜欢海边，我们就顺着1号公路开敞篷车去兜风，然后一起在餐厅吃烛光晚餐看日落，还点了她特别喜欢的大龙虾。第二天，我们又启程去犹他州的羚羊谷观看旷世美岩，带着妈妈去玩她喜欢的高空跳伞，这些都是我们两个人的“欢乐的时光”。当两个人的爱的“库存”是满的时候，我们也慢慢地建立起来好的关系的信任，那种不被爱、不被关心的不安全感渐渐地就没有了。

记得我有一次下班非常累，回到家就看到在做饭的妈妈走过来给我一个大大的拥抱，顿时我就心情好了一大半，不仅仅是因为我的爱的语言是“身体的接触”，更是因为妈妈想让我感受的爱的努力，让我非常开心。“你经常手脚冰冷，现在冬天，我给你煮了鸡汤，好好补补身体，这样才有精力上班。”妈妈说的话也变得很温柔了，和以前真的是很大的对比呢，我非常的感动和开心。那天的饭桌上，我还清楚地记得妈妈说了一句让我热泪盈眶的话：“你多给奶奶打电话，回去看她的时候看看有什么补品要买。”记得以前我从来不敢在妈妈面前提到奶奶，因为她觉得一个人把我带大很辛苦所以也有很多怨气，但是现在因为妈妈的爱的“库存”也满了，她对我们的关系有了信任和安全感，所以她可以把多的爱去想着给别人。我也对她的变化非常的感动。从 2016 年到 2017 年，我们开始对彼此了解、适应，努力爱对方，到 2018 年同时对彼此信任和欣赏。这些改变让我和妈妈从互相埋怨、不理解到互相包容与理解。我相信我们还要去学习更多怎么去爱对方，去包容对方，才能真正做到一个好子女，同时增强自己的信心变成一个好的爱人，组成一个好的家庭，做一个好的父母。

此外，我的运气也越来越好，追求我的人不断。在单位，我的工作业绩，同事下属关系也是直线改善。因为我在家里和妈妈的关系的转变，也提高了我对同事、朋友的关系的信心。我更加耐心、专心地听别人讲话，更加擅长沟通，建立关系，处理矛盾。我也更加会管理自己的情绪，通过自己每天的情绪来分析自己需要改进的地方，让自己变成一个更好的人。

这就是我的故事。请大家记住一句话：天下的一切都是你的镜子，一切引起自己情绪的都是上天安排的课题。

小天的故事

人物资料：小天，女，35岁，白领，现住上海。

心碎的童年

我出生在一个工薪阶层的家庭，父母多才多艺，郎才女貌，是各自世界里备受宠爱的公主和王子。同样的，他们也都出生在一个缺爱的原生家庭。爷爷在父亲很小的时候就去世了，奶奶要拉扯兄弟姐妹四个，自然没法让父亲感受到足够的爱。外公外婆在上海，母亲小学的时候就到了外地，从小也是缺少父母足够的爱。他们两个都很好强，也很缺爱，都很固执。在我有记忆的童年里，父母的争吵多于他们恩爱的场景，一家人在一张桌子前和谐的吃饭的记忆也是少之又少。

从初中开始，他们不仅时常破口大骂，父亲还常常动手。我永远都忘不了在我读中学的那几年，我总是面对无休无止的吵架打架声；父母把我的需要当做皮球一样踢来踢去；我在学校被欺负的时候，他们冷漠地无暇顾及我的无助、恐惧；还有无尽的快餐盒，空荡荡的屋子。所以长大以后，我最害怕的就是大声说话，害怕成为负担，讨厌吃外卖，喜欢自己做饭，总是养着小猫小狗，害怕只有我一个人的屋子。并且，我和父母的关系也从未有过真心的链接。父亲从来没有参加过我的家长会，我从大学开始在外地十多年，和父亲几乎没有过单独的电话沟通；和母亲有时候能谈到推心置腹，有时候常常又是争执吵架。尤其是在见面的时候，好不过三天，就会火星撞地球。总是满怀思念，开开心心回家，最后却吵得很伤心，失望地离开。所以我总是觉得我要待在外地，和父母离得远些，反而还能多感受一些和平和爱。

孤独的35岁

随着年纪越来越大，二十多岁的时候还有的一些幼稚和依赖慢慢褪去了，我开始变得独立。因为独立，也就和家里人的链接越来越少。年轻的时候很多事情常常无能为力，一扛不住就会和妈妈打电话，每次都能得到妈妈的支持和理解，随后就会在精神上、经济上帮助我。这几年来，处理问题的能力提高了，虽然生活、工作、感情都屡屡受挫，但是我不再那么轻易地被压垮，不再轻易地崩溃和抑郁。于是也不想告诉父母我的困难和挫折，就想着等我什么时候心情能好一点，困难能解决掉的时候再和他们联系。这一等，到了2018年7月，我和家人已经快一年没怎么联系了，也一年左右没有回过家了。

这样的独立让我更加的隔离、更加的无助。这一年来我的生命中各种折腾、消耗。感情、事业都非常不顺利，直到健康出现问题以后，需要住院，才在没有办法的情况下和父母沟通我这一年来的所有经历。

转机和改变

转机发生在2018年8月。又是一个失眠的夜晚，我在微信朋友圈寻求帮助：如何缓解失眠。这时候东叔又一次和我沟通，告诉我解决的办法。简单沟通后，他又一次邀请我去听他的课。东叔是我工作上认识的朋友，在合作的过程中，见识了他的本领。经过几年的接触，彼此建立了较深的信任。当时我非常想求救和改变，所以平日一向比较固执、抵触上课的我接受了他的建议。

听完东叔的课，按照他的要求去实践，起初并不是很认真，也不是很能够理解那些已经改变的同学是怎么就能够做到的。没过多久，我的失眠真的改善了，这对我来说是一个奇迹。我十多年的失眠曾经让我十分的痛苦。能让我想睡就睡，实在是天大的礼物。在这样一个大礼物之后，我开始用心的按照东叔的要求完成作业，和父母表达爱、表达想法、表达情绪，并努力地尝试拥抱他们，多拥抱他们。可能对于一些比较敞开的人，对于一些和父母关系非常好的人来说，表达、拥抱是一件很容易的事情，而对于像我这样在心门上铸了铁，还上了几把锁的人来说，这个迈步是非常困难的。我的嘴巴就像贴了胶带，喉咙就像被人掐住，手脚就像被定住，常常话到嘴边，如鲠在喉，人到面前，不敢拥抱。就这样，用东叔教的方法，一步步、一次次尝试，终于我可以越来越勇敢、自然地去拥抱他们，以及勇敢地去问爸爸要夸奖，要他的爱。我和妈妈也几乎没有争吵了，我们基本都能在彼此态度不好的时候提醒对方，并且及时的自我修正。

越来越美好

到码文字的现在，已经 9 个月了，我和父亲可以轻易地拥抱和亲吻脸颊，我和母亲也不再有争吵，可以自然地时常拥抱，我们那个家庭的小群每天都会弹着爱的音符。我感受到了父母也沉浸在被爱的喜悦和幸福中，父亲比以前更加愿意打开心扉了，母亲也比以前更愿意收敛脾气。我们一家人的原生家庭的基因都是一样的，以至于我们三个都是缺少爱，在我的引领下，我们彼此付出、彼此温暖、彼此贡献，在一年不到的时间里，我几乎每天和父母相处，对亲情充满丰盛的满足和自信。现在的我，常常感到喝口茶都是幸福的。